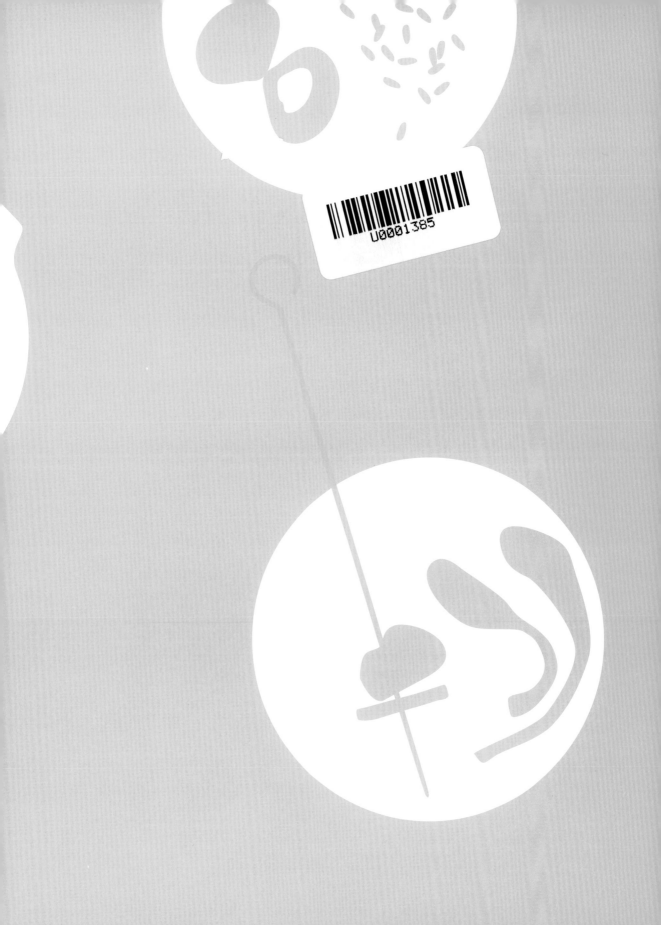

蘇·史考特 SU SCOTT —————————————————————— 作者

出生於韓國的倫敦作家。她的泡菜鍋食譜於二〇一九年，榮獲《美食觀察家月刊》（*Observer Food Monthly*）的讀者票選最佳食譜獎。得獎之後，展開了美食作家與食譜開發的職涯，同時身兼人母。二〇二一年一月，蘇入選了《維特羅斯美食雜誌》（*Waitrose Food magazine*）的專題，被譽為料理界的新星，後以「家的慰藉」為名設計並投稿食譜。她以童年回憶作為基礎，所開發的家常料理，簡易而美味，廣受編輯、食品團隊與讀者的好評與喜愛。此外，在其他食品刊物，如《森寶利雜誌》（*Sainsbury's magazine*）、《橄欖雜誌》（*Olive magazine*）和《維特羅斯週報》（*Waitrose Weekend newspaper*），都能找到她的食譜作品。

李仲哲 ———————————————————————————————————— 譯者

文藻法文系畢業，目前專職翻譯，愛書人，喜歡漫步於文字與故事之間。譯有《後窗與另幾宗謀殺》。

RICE TABLE

致琪琪

你將永不為思鄉所苦

SU SCOTT

RICE TABLE

SU SCOTT
蘇・史考特——著

李仲哲——譯

飯桌！飯桌！

Korean recipes + stories
to feed the soul
韓式食譜與滋養靈魂的故事

SU SCOTT

6   Introduction 前言

10   Making Friends with Korean Ingredients 與韓國食材成為朋友

18   # BANCHAN: THE SMALL PLATES
飯饌：韓式小菜

70   # FERMENTS + PICKLES
發酵與醃製品

94   # SOUPS + STEWS
湯品與燉菜

120   # MEAT
肉類

144   # FISH
海鮮

160   # RICE
米食

180   # NOODLES
麵食

198   # SWEET TREATS
甜品

216   # STOCKS + CONDIMENTS
高湯與調味品

228   Epilogue 後記

230   Index 索引

238   Thank You 致謝

a family that eats together stays together
一家人用餐，同桌便同心

「孩子誕生的同時，母親也隨之誕生。」這句話，再真切不過了。我認為，同時身兼母親以及移民婦女的身分，是很有趣的組合。

我在南韓出生長大，並於二〇〇〇年獨自來到倫敦。一名不到幾個月才要過二十歲生日的年輕女孩，就這樣離開不曾感到歸屬的家鄉，迫不急待地擁抱在倫敦的新人生，享受剛獲得不久的自由。我不想被視為異鄉人，所以急切渴望得到這座城的接納；我那時是如此熱愛著倫敦。二十二年的時光過去，我已稱倫敦為家，嫁給了十八年前在酒吧相遇的英倫男孩，現在育有一女，她繼承了我們彼此各半的樣貌與言行。

然而，自我從二〇一五年生下她，開始深感寂寞與思鄉。將大半的青春送予英國，身為人母使我對自己作為移民與母親的身分，感到困惑不清。我在倫敦生活時是韓國人，回到韓國卻被當作外國人。遠走他鄉的二十餘年來，我甚少返鄉，也不常聯繫舊識，我韓國的根源如此漸漸消逝。天啊，我那時真的有那麼急迫想要融入這個地方嗎？即便失去自我認同，也在所不惜嗎？

生活在倫敦好幾年，我被迫面對難以承受的事實——對韓國不感認同，亦對英國不感歸屬。除此之外，我的內心也感受到強烈的職責，作為移民母親的我，必須將自己韓國的根源傳承給女兒，而這也帶來了些問題。

我想告訴她，來自我家鄉的故事，以及身處此地的原因。我想和她一起烹飪，那些我母親曾做過、嘗起來充滿童年滋味的料理。我想用我母親的語言，和她彼此耳語祕密，如同我母親也以最親密、摯愛的方式，對孩提時的我傾訴愛語。

但是這一切的嘗試都非常艱難，如此陌生又不自然。

我想要她對我的家鄉和家人有所連結，但在「融合」的名義之下，連我自己都對韓國失去了很大一部分的認同與歸屬感，母語甚至也變得生疏不適，用韓語對女兒說話使我感到陌生，而我時常也為此感到羞愧。

我該如何告訴我的孩子，她的血中流淌著一半，連她母親也不認識的身分？

我失去了那片生養我的土地——曾經駐足於上的鄉土、文化與人們——所帶給我的連結與親密感。離家太過遙遠，使我內心產生極大的空虛，而為了滿足思念所帶來的想望，我開始從童年中提取片段，做出回憶中的料理。我閱讀並研究，每每在字裡行間中找到線索，便深感寬慰。但我並不感到滿足，於是往回憶更深處探索，渴望得到每個曾經嘗過的滋味，重獲連結，並回到熟悉事物的溫暖懷抱。不斷企盼著重回歸屬，無限循環的不滿時常困擾著我。

　　正是成為人母後，才瞭解到持續烹飪料理的重要，這使我深入連結自己的根源，並重獲對於韓國的認同感。畢竟，這是我女兒與生俱來的權利，也是我的職責——與她分享來自我的家族與傳統的食譜，確保她能夠對此感到熟悉，並在她所繼承的兩個文化中站穩腳跟。

　　我父親的格言：「一家人用餐，同桌便同心。」不論是心理或是生理上，都在我的人生路途中，有著很大的影響。烹飪並分享來自家鄉、童年回憶的料理，使我找回遺忘已久的韓國的家。

　　無論離家多遠，食物都能使人銘記並慶祝自己所傳承的根源，也使人感到有所歸屬。而這是我重新擁抱自己根源的故事，也是透過童年料理來寫給我女兒的情書，她會記得，在倫敦某處的小廚房內，愛在那裡藉由回憶的滋味被溫柔傾訴。

　　家中的廚房存有兩國的風味，而我們重新塑造與定義了對食物的愛，韓國料理對我們的重要性。不管是我倫敦的家，又或是韓國的家，都選擇以食物作為愛的語言，因為這是我唯一能流利表達愛意的語言。

　　我真心希望，你能在這裡找到自己的故事，並感到慰藉，因為你我都在此，有所歸屬。

蘇・史考特

Making Friends with Korean Ingredients
與韓國食材成為朋友

我認為，食材與工具容易取得，是烹飪中很重要的事。而我也盡量保持料理簡單，在家就能輕鬆自製。有鑑於近幾年韓式料理，逐漸成為大眾主流，因此取得韓國食材越加簡單。希望下列說明，能幫助你更認識食材與其使用的方法。

這裡沒有太多不常見的食材，即便少數是韓國才常見的，而較難找到替代食材，但能輕鬆在亞洲超市或網路上找到。

「韓國料理很難」這件事純屬迷思，當我們說某種料理很難，通常只是出於不熟悉的緣故。一旦瞭解基礎，以及風味之間如何影響彼此，即可做出極具特色的韓式風味。

大部分韓式料理的風味，通常都建立在*gazn-yangnyeom*的基礎上，能約略翻譯為「平衡的調味組合」（balanced assorted seasoning），大概由蔥、大蒜、烤芝麻籽或油、糖與鹽混和製成。再搭配韓式醬油（*jang-ganjang*）、韓式大醬（*doenjang*）和韓式辣醬（*gochujang*）的其一或更多，好賦予菜餚所需的層次與口感。實際上，只是將幾種香料與發酵調味料結合在一起而已，能輕鬆做到。

On English + Korean Names
關於譯文與原文名

失去流利使用母語的能力，是我質疑自己身分的主因。我無法掌握好自己家鄉的語言，甚至在女兒面前使用時，備感難受與不自在。

我將藏在味覺記憶中的食物與故事，作為唯一媒介，用來與女兒分享我所知的韓國文化。當著手寫這本書時，打破語言間的平衡在此非常重要，如此並非要使讀者感到疏遠、麻煩——就像他們有時也會使我感到，自己離家鄉的文化很疏遠——而是要敞開理解文化的大門。

我想展現出食料的來源，因此在每道食譜中都會加上韓文原名，他們要不是我過去曾嘗過的菜餚，就是可追溯到影響我為本書開發食譜的傳統料理。並且，我也想要讀者們，包括我的女兒，能夠在網路上找到相關資料，並更加理解韓式料理。

除此之外，我只在原文名可以顯露出韓國飲食或文化領域，又或能夠聚焦我的童年記憶的情況下，才會加上來。並非為了刁難讀者，而是希望這些食料的名稱能夠普及化——而我離實現將飯饌（*banchan*）推廣成像塔帕斯（tapas，西班牙小菜）一樣知名的願望，又更近了一步。

Rice 米	韓國人大部分都食用短粒白米，和日本米十分相似，也通常都被視為壽司米，故本書食譜中的米，皆能夠使用韓國米、日本米或壽司米。若使用像是泰國香米（Jasmine rice）或印度香米（Basmati rice）的長粒米，或是其他西方常用的短粒米（例如布丁米），就不會得到食譜預設的結果。

乾燥調味料 Dry Seasonings

Gochugaru (Korean Red Pepper Flakes) 韓式辣椒片	韓式辣椒片由辣椒（*chillies*）磨碎晒乾而製成，具煙燻味與灼辣感，也帶有些微甜。粗片是用來製作泡菜或一般料理的，細粉有時則被用在湯品與燉菜，因為他能使湯更滑順入口，也有助於控制湯的濃度。我本身就有一小罐辣椒細粉（特別推薦用於辣味牛肉湯，見105頁），只需要用杵和研缽就能自己磨製，完成後再置入氣密罐，儲放於陰涼處即可。 　　韓式辣椒片（*gochugaru*）在油中加熱時，會釋出他鮮紅的顏色並起泡，看起來就會像盛開的花蕾。
Salt 鹽	在一般料理中，我都使用像是馬爾頓海鹽（Maldon sea salt）的海鹽片，因為他能為菜餚增添豐富的對比口感。用於湯品時，建議將鹽片磨碎一點，使其更快融於湯中，如此才能嘗到更明顯的風味。 　　用於烹飪的鹽水，我會選擇細海鹽；至於泡菜，韓式粗海鹽則是絕配，在韓國超市皆有販售，一般的粗海鹽也可以用來取代。

醬料　sauces

Soy Sauce 醬油	傳統的韓式料理會使用多種醬油，但本書的食譜中只需要準備兩種醬油：日式醬油與湯醬油（*soup soy sauce*）。日式醬油和韓國常見的韓式醬油（*jin ganging*）極為相似，而湯醬油的顏色較淡也較鹹，和中式生抽醬油很像，所以也可以做為替代。
Gochujang (Korean Chilli Paste) 韓式辣醬	韓式辣醬帶有些微煙燻味與隱約的鹹甜鮮味。其強烈的辛辣含有層次感的風味，非常獨特。而灼辣感則來自韓式辣椒片，會再添上發酵大豆粉（*mejugaru*）和由大麥芽粉、甜糯米粉與鹽製成的米糖漿，來加以平衡風味。辣椒的種類不同，辣的程度也會有所不同，市售的品牌皆會在包裝附上標示，所以記得留心。所幸這是西方最常見的韓國食材，無須擔心沒有替代品的問題。將之儲放於冷藏即可。

Doenjang (Korean Fermented Bean Paste) 韓式大醬	將煮熟大豆搗碎成泥,再做成磚塊狀置於戶外晒乾(通常會掛起)發酵數日,接著將乾燥塊物(稱為*meju*)浸入濃度高的鹽水分解,韓式大醬和韓式醬油(*ganjang*)即製成。其強烈氣味帶有非常複雜的風味,能為料理增添深度與持久的鮮味。他的味道重鹹且濃烈,水煮時常讓我想到陳年的帕馬森乳酪。在韓國或亞洲超市皆有販售,且冷藏即可。能以紅味噌或麥味噌取代。
Yondu (Seasoning Sauce) Yondu調味醬	這款蔬食調味醬可以用在多種料理,是相當現代的韓式醬料。由發酵大豆和濃縮蔬菜湯製成,風味豐富且用途廣泛。我喜歡將他搭配上韓式大醬來調味蔬菜。

油與液體調味料 Oils + Liquid Seasonings

Vegetable Oil 植物油	一般的料理中,我習慣用冷壓油菜籽油或葵花油(本書皆標示為植物油)。只要簡單調味蔬菜或作為調料時,也可以使用特級初榨橄欖油。
Toasted Sesame Oil 烤芝麻油	韓式烤芝麻油散發著迷人香氣,也帶有堅果香。主要作為最後添加風味使用,可使菜餚帶上些微鹹味。非常適合與牛肉和深綠色蔬菜搭配。烤芝麻油冒煙點很低,記得不要讓溫度太高。
Perilla Oil 紫蘇油	紫蘇油帶有美好的香氣(與孜然香很像),嘗起來有泥土與堅果味,含有些微茴芹香。常用來緩和菜餚的苦味,或是中和漁產的腥味(見下述)。也常用於炒蔬菜,尤其是乾炒。用途極為廣泛,非常推薦使用,且可在韓國超市找到。一旦打開過就要冷藏,在幾個月內用完較妥當。
Cheongju (Rice Wine or Sake) 米酒或清酒	米酒常在韓式料理中,用來嫩化肉類與海鮮,並去除野味和魚腥味;很明顯地,韓式料理偏好清爽的肉類與海鮮。酒精會在煮菜的過程中蒸發掉,據說就是如此帶走野味和腥味的。 　　無論有多新鮮,韓國人都會用*birinnae*或*japnae*這兩個字,來形容海鮮、生肉和動物的血所散發出的惡臭。這種字眼在西方文化沒有對應的詞能參照,因為大多數西方人認為新鮮肉品是無味的,但韓國人對此特別在意,會特地去除這種味道。 　　傳統的韓國米酒(*cheongju*)不容易找到,可以用日本清酒取代。

甜味調味料 Sweet Seasonings

Jocheong (Rice Syrup)
米糖漿

傳統米糖漿由發酵米和大麥芽粉製成。比糖的甜味還更柔和一些，也帶有淡淡的牛奶糖味和隱約的鮮味。通常用來為菜餚添增圓滑的甘甜味與光澤。米糖漿（*jocheong*）可以在韓國超市找到，或在一般超市找普通的米糖漿也有。

Matsool or Mirin
料酒或味醂

烹飪用甜白酒帶有些微甜味，能夠賦予菜餚有深度的鮮味，並添加光澤。高品質的味醂含有約14%的酒精，不會與糖漿或醋混合使用。

Sugar
糖

我認為，平衡的甜味調味料可以凸顯出鹹味，就像一小撮鹽可以突出甜味一樣。使用的糖不同，會為菜餚增添不同風味的甜，所以我在本書中皆使用粗砂糖、細砂糖和淡色紅糖。

海草與種籽 Seaweed + Seeds

Dasima (Dried Kelp)
乾海帶

在日文也稱為昆布（*kombu*），是煮高湯時常用的食材。帶有些微甜，以及海的鹹味，可與無數食材搭配，為菜餚添增更多層次的風味。乾海帶（*Dasima*）通常都會以折成一大片或切成方形的形式販售。只要將其置入密封容器，並存放在一般室內環境即可。

Gim or **Gim Jaban**
韓式海苔

韓式海苔（*gim*）是常被忽略的食材。在西方大多數都被當作零食，但他是非常具有潛力的食材，能為每一道料理更添風味。我喜歡把他撕碎並撒在菜餚上，為料理附上鹹甜的鮮味。可依據個人喜好隨意添加。如果要找撕碎過的包裝海苔，在韓國超市或線上找韓式海苔碎（*gim Jaban*）就能找到。通常一小包一小包販售；而打開過後，請將他存放於冷藏以保持酥脆。

Toasted Sesame
Seeds
烤芝麻籽

白芝麻或黑芝麻都在韓式料理很常見。整粒種籽拿來裝飾菜餚時，能帶來堅果風味和脆脆的口感；而若將種籽稍微磨碎，可以帶出不同於整粒時的堅果風味。如果食譜需要磨碎的烤芝麻籽，可以用杵和研缽或香料研磨器，輕輕將種籽磨碎，注意不要磨太碎而變成芝麻粉了。

其他食材 Other Ingredients

Eggs
蛋

本書所使用的蛋，皆為有機或放養雞產的，所以大小通常都不一，而我都會選擇將較大的蛋用於食譜中。

Aromatics
辛香料

像是大蒜（garlic）或是薑（ginger）的辛香料會去皮，再用刀、刨絲器或壓蒜器，用碎成泥，又或用杵和研缽搗成糊狀。而去掉薑皮最簡單的方式，就是用茶匙。

本書使用的新鮮青辣椒是墨西哥辣椒，而如果比較偏好溫和的辣味，就用塞拉諾辣椒（serrano）；若口味大辣，則選擇用手指辣椒（finger chillies）或鳥眼辣椒（bird's eye chillies）。而新鮮紅辣椒則用長形的西班牙辣椒，辣味溫和，鳥眼辣椒則用於大辣。去除辣椒籽可以減少辣的程度。如果我有在食譜中強調要去籽，該道料理就不會需要辣椒籽來添加辣味或裝飾；若沒有特別強調，則可以依照個人偏好來決定。

關於家務的注意事項 A Few Housekeeping Notes

雖然烹飪韓式料理不需要任何特殊的工具或技術，但須要花費相當多的精力來將蔬菜切成條絲狀。我為此找到一款實用的切片器，並學會如何安全使用他，將蔬菜切成均勻片狀，再用刀切成細條狀即可。有些切片器的刀片可以直接一刀切成絲。

從果肉泥或辛香料泥分離汁液時，有時會使用到平紋細布或薄紗棉布。他們值得花錢大量購買，因為並不貴，且比茶巾（分離汁液用的替代品）更好用。

當所有食材與工具都準備好並整齊排列時，都會讓我覺得烹飪十分令人愉快。切記，務必要在開始前完整讀過食譜，並清楚認識每個步驟與方法，以確保一切都準備就緒，好讓你能享受烹飪的每一分、每一秒。沒有什麼能比做到一半時，發現還需要三小時或其他食材才能完成料理，還要更慘的了。我就曾經這麼倒楣！

烹飪韓式家常料理的方式其實很多樣，且都依靠直覺來執行。即便食譜都有清楚明列步驟和食材，一步一步帶領讀者執行，但並非是必須遵守的規定，反而比較像是建議。每一道食譜的時間都有經過一再確認，以確保正確性，但仍有很多因素可能產生影響：平底鍋的類型、烤爐或爐火的強度，以及準備食材的方式。以上都可能影響到烹飪時間，所以建議你將食譜定的時間當作提示，主要還是要依靠你的直覺感官：嗅覺、聽覺、視覺和味覺，來取決時間。我希望每道食譜都提供了足夠的提示，能讓你有所留意，並順利完成料理、好好享受。

飯桌和分量 The Rice Table ＋ Quantities

飯桌是韓國家庭的典型餐桌，由米飯、湯品、三至五道飯饌、泡菜，以及一道肉類或魚類的主菜所組成，是自然又平衡的日常膳食。每人各自一碗飯和湯，其他道料理則是共享。飯菜皆依照產季和季節不同，而有所變化，且在某些場合會變得相當精緻，例如生日或節慶。

我在食譜中有依照每道料理的不同，標示出最適當的分量，有些是兩人份、有些是三人份，但你可以自己依照場合而有所調整。

做出自己的料理 Making It Your Own

本書的料理很大一部分都是根基於我童年回憶中的滋味，反映出我成長的路程，但也受到我在倫敦生活的經驗──多元文化的飲食所影響。我來自首爾，那裡的料理精巧且調味清淡。父親享有首爾精緻的味蕾，母親的口味則相對樸實，偏好注重基本食材的風味。我喜歡非常辣的料理，但不至於太辣而嘗不到風味。我希望風味的平衡能在本書中，為你帶來溫暖與美味，但每個人對於鹹味和辣味的接受度都不同，所以請在料理的過程中嘗口味道，依據個人偏好調整，確保口味是自己能接受的。

Making Friends with Korean Ingredients 與韓國食材成為朋友 17

Banchan:
The Small Plates

飯饌：

韓式小菜

one

banchan is both singular ＋ plural

飯饌既是單數，也是複數

我經常想起，小時候曾住過的半地下公寓，以及炒洋蔥的香味。我不記得鍋裡除了洋蔥還有其他東西，但妹妹和母親卻堅持鍋裡還有煎魚餅。或許吧。

　　我所記得的，可能是煮青椒（*peppers*）煎魚餅（*eomuk*，見31頁）的過程，而炒洋蔥就是這道料理的主要風味。但我的記憶仍然清晰，醬油和洋蔥在糖和軟化的大蒜中融成焦糖，其甜美的香氣令我十分難忘。我也記得母親那雙粗糙的手，看似幾乎不情願地，在廚房中游移。她在舊木砧板上切著洋蔥，儘管砧板早就破舊，但鈍刀在其上敲擊的

聲響，總能使我感到安心。

　　那座散發霉味的小公寓，是母親享受她第一個直立式水槽的家，而全新的雙環燃氣灶台，也成為了她最珍貴的資產，使生活輕鬆不少。

　　即便裝不滿小冰箱和更小的冷凍庫，但母親總有能力將幾塊小蘿蔔，變成十分可口的辣味沙拉（*salads*）。她將夏季盛產的甘甜櫛瓜，同鹽漬的蝦一起燉煮，並做出帶有淡淡海鹹味的完美蒸蛋。母親也非常節儉，將舊報紙存起來為炸魚使用；我記得曾看過她將幾張報紙摺起，做出寬鬆的蓋子放在平底鍋上，用來吸住飛濺的熱油和氣味。

　　母親是富有創意的廚師，品味出色又行事慷慨。她會刻意地節儉，總是按季節醃製蔬菜保存。她的料理樸實無華，具有簡樸鄉村的靈魂，深受我外祖母（住在濱海城鎮）的傳統烹飪風格所影響。她做的小菜隨著四季流轉變動，而我們的飯桌雖然很小，但簡單明瞭，充滿對豐富食料的愛與尊重。

　　我們會在春季前往附近山上採食，見證大地甦醒，帶來野菜的贈禮。深綠色的艾草是我童年中四月的滋味，他可以做成我最愛的彈牙米蛋糕。在夏天，房子裡會充滿草莓醬的香味，一路飄香到秋季，而冬

日則是屬於大骨湯的季節。

　　過往時光純樸又簡單。天上掛滿無數閃耀的星辰，足以花費掉所有願望來許願，而我也有足夠多的時間坐在母親身旁，驚嘆地看著她將大白菜醃到瓦罐裡來製作泡菜。我也記得在冬季下霜前，父親會為 *gimjang*（韓國製作泡菜的傳統家庭儀式）在深夜挖洞埋入瓦罐。而這些都是我最思念的童年日常。

-

飯饌（*Banchan*）——這個名稱被用來指稱一道或一系列菜餚——會搭配泡菜一起，為每道餐增添口感與風味。在我成長的過程中，常聽見「要知道一位廚師有多好，嘗嘗他的飯饌就知道」的說法。不管去韓國何處，都很有可能會遇到布滿一系列小菜的飯桌，而那只是主菜的前戲而已。飯饌是韓國料理獨有的特色，完美展示了韓國人熱情好客的一面。

Notes on Planning + Accessibility
關於計畫與準備的注意事項

如果你不習慣烹飪，準備多道料理會是一項艱難的任務，但別氣餒：這章節的大部分料理都可以事前準備，且能保存在冰箱裡相當多日。在許多韓國家庭裡，人們會分批準備幾道接下來幾日會食用的小菜，並在每頓飯都搭配上一兩道新鮮菜餚，例如烤肉、魚、時令燉菜或湯，以保持每餐多樣。

　　我將本章節分為五個部分，依照所需的不同烹飪技術分組，如此便可配合不同的時間和心情，輕鬆製作適合的飯桌。本章大部分的料理皆簡單明瞭，能簡易製作。

　　最傳統的作法是一餐吃同一部分的小菜。然而也可以只上一兩道小菜，搭配上一碗白飯、肉類或魚類，這會是執行每週飲食計畫時，更實用的方法。

　　食譜中的食材皆以多元為原則，都經過精心挑選，但也不妨實驗看看其他食材，以更符合在地性。

On Tossing with Your Hands
以手攪拌

拌沙拉最好以手攪拌，才能有最佳的風味與口感。許多韓國人相信，手指的觸感能夠影響整體的風味協調。韓文 *sonmat* 一詞，字面上可翻譯為「手的滋味」，常用來形容一位透過雙手擁有的經驗，來展現非凡味覺的好廚師。廚師不只親手製作出菜餚，也以他們的愛和熱情賦予了料理獨特的風味，使其變得更加與人親近。

Banchan: The Small Plates 飯饌：韓式小菜　　　23

炒櫛瓜 Sautéed Courgettes

我常覺得，義式料理和韓式料理有著極大的相似處，兩者都以時令食材為主，強調食材的自然特性。而這道料理總會讓我想起，義大利人是如何處理蔬食的：以高品質的食用油簡單煎炒，並只以幾顆蒜瓣和少量辣椒片點綴。櫛瓜就是這道菜的主角，在韓國常會用新鮮不過熟的櫛瓜來炒，以慶祝他美妙的甘甜。新鮮辣椒主要用於增加菜餚色彩，不太會辣。

四人份

1½ 大匙的特級初榨橄欖油
2顆蒜瓣，剁碎
300克的櫛瓜，切成半月形
¼ 顆洋蔥，切成薄片
½ 茶匙的海鹽片
1大匙的味醂
½ 茶匙的烤白芝麻籽，稍微磨碎
½ 根長形紅辣椒，去籽並切成薄片

將橄欖油和大蒜放入冷炒鍋，然後以中火加熱。我喜歡將大蒜放入冷鍋，再慢慢熱鍋以將蒜香融入油中。開火後，很快就會產生加熱的嘶嘶聲，且香味會慢慢溢出，但記得不要將大蒜炒得太焦。

馬上加入櫛瓜和洋蔥，也加一些鹽。以中小火炒5分鐘，偶爾得攪拌，並確保鍋裡不會太乾。如果太乾，一次加一點水即可。

5分鐘後，加入味醂再炒約5分鐘，或是依個人偏好看櫛瓜煎炒的程度。我喜歡櫛瓜軟一些，但又不會太軟爛，而還有保有一些口感。如果你偏好煮得熟透一些，就蓋上鍋蓋讓櫛瓜完全軟化。這全都取決於你。

當櫛瓜炒到你喜歡的程度後，試一口嘗味，再加點鹽來增加鹹味。接著關火，攪拌入芝麻籽與辣椒片。

這道料理會是韓式拌飯（*Bibimbap*，見*166頁*）的絕佳配料，且無論冷熱，都可以食用。將之置入保鮮盒，可以在冷藏內存放3至4日。

炒蘿蔔 Sautéed Radish

韓國白蘿蔔，韓文稱為 *mu*，比常見的大根蘿蔔（daikon radish）還要稍微圓短一點，味道嘗起來有些微的胡椒辣味。兩種蘿蔔皆能使用於該料理。春季產的韓國白蘿蔔常用於醃製蘿蔔泡菜，因為他的口感扎實又有密度；而夏季產的則較多汁也較辣（也帶有些微甜），所以常會加糖來平衡風味。蘿蔔的盛產期在秋季和初冬，此時收採的蘿蔔被認為是所有品種中最甜的。冬季產的蘿蔔因其密度可以帶來爽脆口感，和超越他辛辣特性的鮮甜，而在韓國尤其備受珍視。

我喜歡這道料理無可否認的簡單，只以樸實的蘿蔔為主，就足以構成一道菜。在料理的過程中，其辛辣的特性會漸漸變得溫和，且中性的滋味和扎實的內肉會軟化而變得順口甘甜。紫蘇油常用於中和苦味，能夠提升蘿蔔的風味，並賦予菜餚略帶堅果香的味道。如果沒有紫蘇油，也可以用烤芝麻油取代，但購買紫蘇油還是比較值得，在韓國或亞洲超市都可以找得到。紫蘇油的冒煙點很低，很像烤芝麻油，所以我會用植物油來作為基礎油。

切蘿蔔的方式在這道食譜中特別重要，逆著紋切會使蘿蔔煮得糊爛，所以切記先將蘿蔔切成5公分的塊狀，然後縱向切成薄片，再切成細條狀即可。

四人份

1大匙的紫蘇油
½ 大匙的植物油
400克韓國白蘿蔔或大根蘿
　　蔔，切成條絲狀
1大匙的味醂
2顆蒜瓣，剁碎
1至3大匙的水
1茶匙的海鹽片
1根蔥，切碎成片
1茶匙的烤白芝麻籽

先將紫蘇油和植物油加入炒鍋，並開中火。再加上蘿蔔，並以味醂和大蒜調味。煎炒7分鐘，並時不時輕輕攪拌。如果鍋裡這時看起來有點乾，加點水（一次大約1至2大匙）以保持稍微溼潤。在煮的過程中，蘿蔔會從不透明變成稍微半透明的樣子，這時也會聞到紫蘇油的堅果香味，以及蘿蔔的甜香。

蘿蔔軟化後，加入鹽調味──不要一開始就加鹽，因為會吸取太多水份。接著加入一些水煮約5分鐘，直到蘿蔔再軟化一些就好。然後拌入蔥和烤芝麻籽，再煮約幾分鐘，直到蔥有些軟化但仍翠綠即可。

這道料理也是韓式拌飯（*見166頁*）的絕佳配料，冷熱食用皆可。裝入保鮮盒後，可以冷藏五日。

奶油泡菜豆腐 Tofu with Buttered Kimchi

奶油泡菜豆腐（*Dubu Kimchi*）由兩部分組成：水煮豆腐和快炒泡菜。這是道很熱門的料理，通常作為*anju*，即韓文的「案酒」（下酒菜）。發酵的酸泡菜因其味道濃烈而備受喜愛，非常適合炒菜，常與豐厚多脂的豬肉搭配，以其相對鮮明的濃郁感，降低泡菜強烈的酸味。入可即化的水煮豆腐會溫暖地襯托出，泡菜濃郁又強烈的風味，使人能在略帶堅果香的中性滋味裡尋求安慰，緩解辣椒的灼辣感。

　　這道料理的炒泡菜須要加入番茄，以煮出濃稠的泡菜醬汁。番茄自然的甜酸味能夠平衡並補足泡菜香濃的滋味。

　　豆腐可以用蒸、燙或甚至稍微煎的方式煮熟，依照個人喜好即可。這道食譜採用市售的板豆腐。然而，如果買的到，我會比較喜歡蒸中硬豆腐，因為他足夠扎實而不用太擔心會弄破，口感也十分柔軟，和醬汁搭配得很好。

四人份

1大匙的植物油
½ 顆洋蔥，切成薄片
200克的碎豬肉
½ 茶匙的新鮮研磨黑胡椒
20克的無鹽奶油
2顆蒜瓣，剁碎
350克的發酵泡菜，粗略切碎
2茶匙的粗黃砂糖
1大匙的味醂
1½ 大匙的的韓式辣椒片
1大匙的醬油
200克的罐頭番茄丁
396克的板豆腐塊
海鹽片

增添風味

1大匙的烤芝麻油
½ 茶匙的烤白芝麻籽
1根蔥，切成薄片
1小撮的烤黑芝麻籽

首先在炒鍋上以中火加熱植物油，再來加入洋蔥和一點鹽，並炒約1至2分鐘來軟化。待洋蔥稍微溶解並散發出香氣後，加入豬肉和研磨黑胡椒，再煮約8至10分鐘，直到稍微呈褐色但不過於焦化即可。過程中記得時常攪拌。洋蔥的顏色應是金黃帶點棕色，並散發著甜美的香氣。

調小火量並以奶油炒大蒜，然後加入泡菜、糖、味醂和韓式辣椒片。接著好好攪拌以融合所有食材，並輕炒5分鐘，且過程中要不時攪拌，並留意不要把辣椒片煮焦了。這道料理並不須要讓泡菜焦糖化，而是要讓他在豐富的油脂中軟化。

5分鐘後，鍋子應該會比開始炒泡菜前還要乾。這時拌入醬油，完全溶入後再加上番茄，並燉煮10分鐘。

與此同時，也煮一鍋鹽水，並將豆腐切成兩條4公分寬的長狀塊，再輕輕將豆腐塊放入滾水中，以小火煮5分鐘。接著小心瀝乾豆腐並稍微冷卻一下，注意不要被水蒸氣燙到了。豆腐冷卻到可以觸摸之後，再將每塊切成2公分的厚片。

泡菜在此時應該已經好了。試一口嘗味，再依個人偏好適當地加鹽或糖。再來拌入烤芝麻油和烤白芝麻籽來點綴，也可以加入一些蔥來裝飾，而剩下的蔥可以保留下來。

料理上桌前，將切好的豆腐塊放到一個大盤或多個小盤上，並在其上或旁邊放置炒泡菜。最後撒上黑芝麻籽和蔥即完成。

炒

青椒煎魚餅
Stir-Fried Fishcakes with Green Peppers

Eomuk Bokkeum

兒時的童年記憶有時會帶我回到，當地市集中的一座魚餅攤車。小市集的門口座落在公車站旁，那裡整齊排列著雜貨店，販售各種廚房用品和裁縫器具。還有賣正式西服的服裝店，母親常常在那裡買到便宜的襪子和緊身褲。一路穿越狹窄的小巷，一整排實用但終歸有些俗氣的店面消失在後頭，迎面而來的，是誘人的香氣和熙攘的喧鬧，使我驚嘆不已。

　　小吃攤販在狹窄的混亂中，井然有序地擺列好，擁擠的人群就在其中穿梭著。戶外市場的燈光昏暗，偶爾有光從遮雨棚的隙縫中滲透進來。穿過人群時，從發酵鹹魚的內臟，到熱油中嘶嘶作響的甜麵糰，都逃不過嗅覺的法網；油膩的鹹餅和熱氣騰騰的湯麵偶爾也會伸出手來，抓住過路者飢腸轆轆的胃。母親常會帶我們到賣血腸（*soondae*）的攤位，一位老太太在那裡賣她自製的韓式血腸，一旁都會搭配上動物內臟：通常是豬肝、豬心或豬肺。其他時候，我們會在藏於角落的小攤車旁，享受令人上癮的鹹甜魚餅。

　　可以在大多數亞洲超市的冷凍區找到韓式魚餅，且都販售有各種不同的形狀，從常見的扁平方形片到圓球都有，而任何形狀的魚餅都適合本食譜。魚餅表皮通常都有一層油，放入剛滾的水中煮1分鐘再瀝乾，即可去除。

　　這道料理可以置於保鮮盒內於冷藏存放3日，但我覺得趁熱吃更好，所以這裡的分量較小。冷熱皆可食用，用微波爐加熱或一點水再煎即可。

以中火加熱煎鍋中的植物油，再加入洋蔥並快炒幾分鐘，直到洋蔥稍微軟化。洋蔥不必要溶解或焦化，只要軟化到能帶走生味即可。

拌入青椒、魚餅和大蒜，繼續攪拌1至2分鐘，以防止食材在鍋底煮焦。魚餅會漸漸軟化，大蒜的香氣也會釋放出來。

這時加入味醂和糖，再攪拌好好混合調味。當糖融化和味醂的酒精蒸發時，會散發出焦糖味。接著調小火量，慢慢加入醬油、韓式辣椒片和黑胡椒，並攪拌再煮5分鐘，直到所有食材調味都完美融合，看起來相當平滑有光澤。最後關火，拌入烤芝麻籽即完成。

二人份

1½ 大匙的植物油
½ 顆洋蔥，切成薄片
½ 根青椒，去籽並切片
150克的韓式魚餅，切成小塊
2顆蒜瓣，剁碎
2大匙的味醂
1茶匙的粗黃砂糖
1½ 大匙的醬油
1茶匙的韓式辣椒片
¼ 茶匙的新鮮研磨黑胡椒
¼ 茶匙的烤白芝麻籽

醬炒杏鮑菇
King Oyster Mushrooms with *Doenjang* Butter Sauce

不像其他品種的菇類，緊緻的杏鮑菇有非常濃密又多肉的莖部，即便煮後也能保持形狀。沿著根切開後，會非常有嚼勁，類似於手撕肉的質感；而逆著紋切開，則會讓我聯想到扇貝。我喜歡以大膽又強烈的味道搭配杏鮑菇，以增強其濃郁又可口的風味。韓式大醬複雜的鮮味在這道料理中，是很重要的角色，加上豐富的奶油以助其融於甜味，以突顯出鹹香的風味。

　　乾炒杏鮑菇尤其重要，因為能藉此去除一些水分，從而使杏鮑菇成為風味更加濃郁的肉塊。這是我觀察母親在調味前，總會先將杏鮑菇燙煮而採用的技巧。

二人份
4根杏鮑菇，大約300克
½茶匙的海鹽片
1大匙的植物油
2顆蒜瓣，剁碎
2大匙的味醂
20克的無鹽奶油
1至2根手指青辣椒，切片
1茶匙的烤白芝麻籽

醬料
1大匙的韓式大醬
1茶匙的Yondu調味醬
1茶匙的粗黃砂糖
100毫升的水

把醬料所需的調味料，都在攪拌碗中混合，並放置一旁待用。

將杏鮑菇延縱向切成5公釐厚。然後把大煎鍋置於中火上暖鍋。接著將切好的杏鮑菇放入熱好的鍋中後加鹽，再乾炒5分鐘，時不時翻面以確保炒得平均。杏鮑菇會開始失去水分、軟化並逐漸呈現金黃色澤。當杏鮑菇完全熟透時，調小火量並加入植物油與大蒜。將之輕炒以使大蒜釋放香氣，記得要移動鍋子好防止大蒜煮焦。

部分輕輕拌入味醂，並煮約2分鐘。然後加入醬料，再煮約2分鐘，直到杏鮑菇都吸收了醬料，而鍋裡只剩大約2大匙多的汁。再融入奶油，讓醬汁乳化——這過程大約只會花1分鐘不多。再來關火並攪入辣椒與烤芝麻籽。

將之分成兩碗，並搭配白飯，一同熱騰騰地上桌。

蘆筍柑橘沙拉 Asparagus ＋ Citrus Salad

我對加了糖和香料的酸味食物情有獨鍾，而這不足為奇，因為母親在懷我的期間，成日只能咀嚼生米，而終於能夠忍受其他食物時，又特別愛上由浸泡醋的瓊脂（洋菜）或橡實所製成的果凍沙拉，一吃便整個孕期。或許就是出於此因，我在母親的子宮裡時，就開始擁抱了酸的滋味。

韓文的 *Naengchae*，可以翻譯為「冷蔬菜」，基本上就是一種冷沙拉，由切碎的蔬菜組成，可以添加或不添加肉類、魚類，也通常都會搭配上酸辣的芥末醬。這道食譜的調味料是閃亮的明星，適用於各種時令蔬菜。有一定程度的芥末辣味，會在喉嚨後部開始蔓延，而這被認為是這道料理的很重要的一部分，能夠刺激並喚醒疲倦的味蕾。如果喜歡更刺激性的辣感，可以使用日式芥茉醬，因為英式芥末醬較溫和。

這道食譜是慶祝蘆筍產季的版本，將些微甘甜又樸實的蘆筍嫩莖搭配上酸柑橘，會是LA牛小排（見126頁）的最佳絕配。

即便蘆筍柑橘沙拉（*Asparagus Naengchae*）聽起來像是夏季的料理，但我認為調味料非常適合為每一季的時令蔬菜增添，充滿活力的辛辣風味。帶點酸而幾乎鹹的冬季番茄，可與切成薄片的紅洋蔥搭配，藉以提升風味、創造對比的口感。或者也可以嘗試將未煮熟的脆嫩豆芽，與切絲的蟹肉棒（或魷魚）和青椒或辣椒拌在一起，做出一道樸實卻充滿活力的沙拉。

二至四人份
400克的蘆筍
½ 大匙的特級初榨橄欖油
海鹽片
1顆大柳橙或葡萄柚
一點薄荷葉

調味料
2大匙的蘋果醋
2大匙的水
1大匙的細黃砂糖
1大匙的湯醬油或生抽醬油
1½ 茶匙的英式芥末醬

增添風味
½ 茶匙的烤白芝麻籽

將調味料的所有食材都放入攪拌碗中，攪拌融合到糖完全溶解、芥末也被吸收為止，並放置於一旁待用。

首先將蘆筍堅硬的木質末端修剪掉，我還喜歡將莖從底部再剝掉約4公分，這樣外觀比較好看，但看個人喜好決定。接著在修好的蘆筍上塗橄欖油，然後在熱炒裡每面煮2至3分鐘，記得轉動一兩次以煮得均勻。只要烤出漂亮的焦痕後，就加入一點水增加水分，使其發出蒸氣，且不需要蓋上鍋蓋。接下來放著煮一兩分鐘，讓蘆筍蒸著但仍保有脆勁即可。再來小心將蘆筍放到有邊的淺圓盤，撒上少許海鹽片，並放置在一旁。

至於柑橘，則用鋒利的刀將其頂部和底部切平，如此就方便於固定水果。然後沿著水果自然彎曲的形狀，一刀平滑地切除其內皮和外皮。再來將刀子切入果肉薄膜之間，把柑橘分成一瓣一瓣的樣子——而流出的果汁可以保留下來，以備不時之需。

將分瓣的水果和薄荷放入調味料中並充分混合，再用杓子舀於蘆筍之上，最後撒上烤芝麻籽和幾滴橄欖油，即可上桌。

Banchan: The Small Plates 飯饌：韓式小菜

辣蘿蔔沙拉 Spicy Radish Salad

韓式的蘿蔔沙拉可以用許多不同的方式製成。有些人說，用鹽調味蘿蔔絲可以改善口感，因為他去除了大部分的天然水分，但我不同意。未加鹽的蘿蔔有一種他獨有的清爽風味，也有自然的酸味。我認為加鹽的蘿蔔會失去那種清爽感，並使其更有嚼勁且不那麼脆嫩。而這道食譜是微辣的蘿蔔沙拉。

富有果味的韓式辣椒片，會為這道菜增加辣味並平衡甜味。也很常看到有人會再加醋點綴，但我不認為這非常必要──儘管醋和紅蘿蔔、甜菜根或大頭菜搭配得都很好（這些都可以取代蘿蔔），但沙拉會變更溼。

請務必使用優質的烤芝麻油，因為他能在最後將料理完美整合並賦予香氣；我認為，這就是最典型的韓式風格。

和炒蘿蔔（見26頁）一樣，切蘿蔔的方式對於保存脆嫩口感尤其重要。首先，將蘿蔔切成5公分長的小塊，然後將每一塊縱向切成薄片，再切成火柴狀。我喜歡一開始就加糖，好讓蘿蔔變甜。常有個說法是，依照甜、鹹、酸和醬（韓國三大發酵調味醬：韓式醬油、韓式辣醬與韓式大醬）的順序來依序調味，可以確保調味更加和諧。

四人份

400克的大根蘿蔔，切成絲
  條狀
1大匙的韓式辣椒片
1大匙的粗黃砂糖
½茶匙的海鹽片
2茶匙的魚露
3顆蒜瓣，剁碎
1根蔥，切碎成片
1茶匙的烤芝麻油
1茶匙的烤白芝麻籽
1大匙的蘋果醋（非必要）

首先戴上手套，開始將韓式辣椒片塗抹在白蘿蔔上，讓他染上令人垂涎的鮮豔橙紅色，若你有戴手套，手就不會跟著變得鮮紅。接著將切成條絲狀的蘿蔔、韓式辣椒片和糖放入大攪拌碗，以手輕輕按壓。

加入鹽、魚露、大蒜和蔥，並以指尖抓握、不斷捏撋和按壓，來使一切充分融合。再來試一口嘗味，若有必要就加少許鹽。接著拌入烤芝麻油和烤芝麻籽。可以添加醋，但我個人不用在蘿蔔上。

將這道料理放在保鮮盒中，可於冷藏保存5日。你可能會注意到保鮮盒內會有些潮溼，那是因為蘿蔔會自然地釋放水分，但並不影響風味。這道料理會是韓式拌飯（*見166頁*）的絕佳配料，此外，與煎蛋配在一起也和烤肉很搭。

　　　　　攪拌與調味

豆芽沙拉──兩種料理方式
Beansprout Salad – Two Ways

Sukju Namul

豆芽（尤其是大豆的豆芽）是韓國最常見的日常蔬菜。從簡單的調味沙拉（都會煮熟，不會生吃）到早晨喝的解酒湯，都可以看見豆芽的身影。他是每個家中都會用到的簡單食材，可以隨心所欲地快速做出一道菜。即使是街角不起眼的小店，過去也常一把一把地拿出來販售；這些豆芽都是從桶子裡新鮮現摘的，店家會將深色織布小心地蓋在豆芽上，以防止其變綠。

　　雖然大豆芽的莖頭有很明顯的堅果味，也十分脆嫩，其根部也有更多纖維，但我傾向使用綠豆芽來做這道料理，因為他們在英國較常見。煮熟後的綠豆芽口感較軟，風味中性，令人耳目一新。但當然，大豆芽和綠豆芽皆可使用。

　　這道食譜分有兩種料理方式：炒豆芽沙拉和辣豆芽沙拉，兩者都是四人份，也可以放在保鮮盒於冷藏中保存幾日。他們都是韓式拌飯（*見166頁*）的絕佳配料，也是LA牛小排（見126頁）和烤豬五花（見 140 頁）很棒的配菜。

首先將一鍋鹽水燒開，旁邊準備一碗冷水。將豆芽放入滾水煮3分鐘，直到變軟，接著用夾子或濾網將豆芽取出，再立刻將其浸入冷水中並瀝乾。然後以手盡可能地輕輕擠出豆芽的水，但別壓扁豆芽了。再來放到攪拌碗待用。

炒豆芽沙拉：將植物油、紫蘇油、大蒜和蔥放入冷炒鍋，以中火輕輕加熱，直到開始發出嘶嘶聲，並散發出香氣而未變成焦褐色。接下來加入豆芽和*Yondu*調味醬，並炒約5分鐘，然後加入磨碎的烤芝麻籽。再來試一口嘗味，若有必要就加一些海鹽片。可以熱騰騰地吃，也可以放涼些再吃，完全冷卻後再冷藏。

辣豆芽沙拉：將剩餘的食材都加入攪拌碗中，用手將他們與煮熟的豆芽均勻攪拌，並輕輕按壓，以使調味均勻分佈。再來試一口嘗味，若有必要就加一些海鹽片來調整。可以立即食用，或儲放在冷藏備用。

四人份
300克的豆芽
海鹽片，依照個人偏好適量

炒豆芽沙拉
1大匙的植物油
1大匙的紫蘇油
2顆蒜瓣，剁碎
1根蔥，切成薄片
1大匙的Yondu調味醬
1茶匙的烤白芝麻籽，稍微
　磨碎

辣豆芽沙拉
1顆蒜瓣，剁碎
1根蔥，切成薄片
½茶匙的粗黃砂糖
2茶匙的韓式辣椒片
1大匙的醬油
1大匙的烤芝麻油
1茶匙的烤白芝麻籽

菠菜沙拉 Seasoned Spinach Salad

這道料理的菠菜在快速燙煮後，用磨碎的烤芝麻籽和湯醬油調味，再以香美的烤芝麻油將他們混合在一起。接著輕輕按壓攪拌食材，大蒜起初的刺鼻苦味會開始軟化到菠菜甘甜的大地風味中，幾種簡單食材在幾分鐘內就會變得香氣四溢。無可否認地，這道食譜十分簡單；但就像其他簡單的料理一樣，有其他需要注意的小細節，像是去除多餘水分和攪拌沙拉的方式，這些都會影響到風味是否能很好地發揮。

在韓國，這道菜使用的是整顆成熟的菠菜，連他粉紅色的根都還留著，而其根部嘗起來甜美，被認為很有營養價值，所以如果有在當地市場找到菠菜，記得不要把根部切掉太多。你可以用任何找得到的菠菜來製作這道料理，也可以嘗試用其他多葉蔬菜，例如葉用甜菜、羽衣甘藍或嫩洋白菜葉。即便是枯萎的萵苣或其他沙拉蔬菜，都能在燙煮之前用冷水甦醒——是的，你真的可以煮萵苣。

四人份

400克的菠菜
2茶匙的烤白芝麻籽，稍微磨碎
1茶匙的湯醬油或生抽醬油
差不多1茶匙再少一點的粗黃砂糖
差不多 ½ 茶匙再少一點的海鹽片
1顆蒜瓣，剁碎
1根蔥，切碎
1大匙的烤芝麻油

首先將一大鍋鹽水燒開，並在身旁準備一碗冷水。待水迅速沸騰時，小心將菠菜放入滾水中煮熟，葉子會在20秒後變軟，這時用夾子或濾網將菠菜取出，並立刻其浸入冷水中。

如果煮的是整根菠菜，就先將其根部置入沸水中煮10秒，再把葉子放入水中按上述方式燙煮。

迅速瀝乾菠菜並以冷水沖洗幾次，再完全瀝乾後，以手盡可能地輕輕壓擠出菠菜的水。這一步很重要，因為適當擠乾菠菜會讓他能更好地吸收調味料，而且菠菜的水若太多，整道料理都會變得很稀，調味也會變味。再來，將菠菜放到砧板上粗略切碎，並放入大攪拌碗中輕輕搖晃，以分離每一片菠菜。

將剩餘的食材加入攪拌碗，以手輕輕按壓混合，確保菠菜片片分離。再來試一口嘗味，若有必要就加少許鹽。

接著即可上桌。或者也能將其作為韓式拌飯（*見166頁*）或三色飯捲（見169頁）的一部分，並依照各自食譜繼續步驟。

將調味沙拉放在保鮮盒中，能在冷藏保存三日。

大醬苦春菜沙拉
Spring Bitter Greens with *Doenjang*

韓國的三月是苦味蔬菜的季節，尤其是野生的蔬菜，每個市場攤販、蔬菜水果店和超市的架上都擺滿了一整排野菜。據說春季蔬菜富含養分，能夠促進人體在經過嚴寒而漫長的酷冬後，更加順暢地發揮作用。人們也普遍認為，如果調味得當，這些野菜的些微苦味就能喚醒沉睡的味蕾。

　　有一些常見的綠色蔬菜，諸如羽衣甘藍、西洋菜、芝麻菜、芹菜葉和蘿蔔葉，具有和韓國苦春菜（bitter spring greens）類似的苦味，而我特別喜歡當季的義大利的綠葉菊苣。可以將外觀像蒲公英的綠色外葉燙煮，並浸入冷水中來軟化強烈的苦味，再來以大醬和香芬的紫蘇油調味，以彰顯其收斂的風味；他們的結合會為料理帶來深度和充滿活力的風味，使人垂涎欲滴。而將像芹菜的內芯切成薄片，生吃時再加入一點醋來刺激味蕾，會是很棒的選擇。

將所有調味料的食材拌入大攪拌碗中混合，並放置一旁待用。

首先將一大鍋鹽水燒開，並在身旁準備一碗冷水。待水迅速沸騰時，小心將你所選擇的蔬菜放入滾水中煮2至3分鐘直到軟化。這時用夾子或濾網將菠菜取出，再立刻浸入冷水中，用冷水沖洗幾次，並以手盡可能地輕輕壓擠出蔬菜的水，但不要壓太大力。

將擰乾的蔬菜放入攪拌碗和調味料一起混合，可以再加入蔥和烤芝麻籽，而如果想要，也可以加醋。然後以手輕輕按壓並將所有食材結合，再來試一口嘗味，若有必要就加少許鹽或糖。

接著即可上桌，或是直接冷藏。將調味沙拉放入保鮮盒，可冷藏三日。

二人份
200克的苦春菜（像是芹菜葉、西洋菜、芝麻菜、蘿蔔葉或綠葉菊苣）
1根蔥，切碎
1茶匙的烤白芝麻籽，稍微磨碎
1大匙的蘋果醋（非必要）
海鹽片，依照個人偏好適量

醬料
1大匙的紫蘇油
1大匙的Yondu調味醬或生抽醬油
2茶匙的韓式大醬
½ 茶匙的韓式辣椒片
½ 茶匙的粗黃砂糖
1顆蒜瓣，剁碎

綠豆煎餅　Mung Bean Pancake

綠豆煎餅很常出沒在韓國的食品市集，是一道來自北韓的著名菜餚。聽說正統北方作法（*ibuksig*）的煎餅（*pancakes*）又厚又大，會在粗製豬油中油炸，從而形成有著堅果香味、外皮酥脆而內部溼潤的煎餅。具有這種特殊口感的食物，在韓文會用*geotba sogchok*形容，即「外脆而內嫩又多汁」之意。這是在製作高品質*煎餅*（*bindaettoek*）時很重要的指標，而需要具備三項要素就能達成：正確的麵糰黏稠度、好的火侯控制和適量的油脂。首爾作法的煎餅通常要小很多，上面會點綴著一些如斜切紅辣椒片的裝飾。

依照傳統，會將綠豆浸水並清洗掉綠色外皮。如果麵糊裡的綠豆皮太多，煎餅的口感就會變硬。在嘗試印度的扁豆後，我發現印度綠豆（*moong dal*）會是很理想的替代品，因為他是一種無皮分割的綠豆，能夠省下很多時間。將之浸泡1小時軟化，就可以依照食譜進行。冷藏或冷凍皆可，若要重新加熱，只要回溫後用少許油重煎，以恢復酥脆。

這道料理和醬醃洋蔥（見88頁）搭配最好，其甜鹹又帶酸味的醃汁非常適合當作蘸醬。如果手邊沒有醃洋蔥，可以嘗試用細香蔥蘸醬（見222頁）。

4份直徑15公分的煎餅

200克的印度綠豆
3大匙的短粒白米
200克碎豬肉，最好有20%的脂肪
2顆蒜瓣，剁得細碎
1大匙的醬油
2茶匙的味醂
1茶匙的烤芝麻油，另外1茶匙加在麵糊
¼茶匙的新鮮研磨黑胡椒
100克的綠豆芽
100克瀝乾的發酵泡菜（韓式高麗菜泡菜，見75頁），粗略切碎
2根蔥，切碎
½茶匙的海鹽片
植物油，煎餅用

首先將印度綠豆和米放在大碗中，加冷水到淹過為止，並浸泡至少1小時或一晚。之後沖洗幾次，並完全瀝乾，再放置一旁待用。

將切碎的豬肉與大蒜、醬油、味醂、1茶匙的烤芝麻油和黑胡椒拌入小碗中融合，然後也放置一旁待用。

部分將一鍋鹽水燒開，旁邊也準備一碗冷水。將綠豆芽（*mung beansprouts*）放入滾水煮2分鐘，直到變軟，用夾子或濾網將綠豆芽取出，再立刻浸入冷水並用冷水沖洗幾次。然後以手盡可能地輕輕擠出豆芽的水，但別壓扁綠豆芽了。再來放到攪拌碗待用。

使用高速攪拌機或手提式攪拌棒，放入浸泡過且瀝乾的綠豆和米與200毫升的水，攪拌至變得相對滑潤但仍略帶顆粒感。手沾上一點並用手指摩擦看看，如果有點軟糊的感覺，那就對了，很棒。

將綠豆和米倒入大攪拌碗中，加入豬肉、燙過的綠豆芽、泡菜和蔥，並加1大匙的烤芝麻油和鹽調味。好好攪拌，讓所有食材混合成光滑的麵糊，這應該會看起來像帶有碎屑的濃酸奶。

將油倒入大煎鍋到約5毫米深，然後開中火加熱。當油開始變熱的時候，小心將麵糊舀入煎鍋的中央——你應該會聽到麵糊下鍋時的滋滋作響。接著將麵糊攤開，做成約1公分厚、略大於手掌尺寸的煎餅。大小和厚度可以自由調整，但切記，如果

煎餅太大可能會很難翻面。

將煎餅以中小火煎約2分鐘,同時也用勺子盛上熱油並淋在煎餅上。煎餅的邊緣會開始變得酥脆,且散發出可口的堅果香味。接著小心地翻面,繼續煎2分鐘,直到煎餅變成深金黃色即可。然後繼續用剩下的麵糊重複以上步驟。

煎好後,立即將煎餅取出並配上醃洋蔥,即可上桌。

韓式蔥餅 Spring Onion Pancake

在韓國有一個說法:「下雨天就要吃煎餅(*buchimgae*)、喝米酒(*makgeolli*)。」很多人認為,在沉悶又潮溼的日子裡,吃沾有醋味蘸醬又香脆的鹹味煎餅,能夠提振心情。有些則說,煎餅的冷麵糊下鍋時在熱油中發出的滋滋聲,和雨滴敲擊地面與風呼嘯而過的聲音相似,所以我們會下意識地渴望在雨天吃煎餅。

*Gsohada*這個字,被韓國人用來形容食物具有堅果味,通常用在高品質的煎餅,因為新鮮現炸的金黃煎餅是如此可口又香氣四溢。煎餅酥脆的麵糊中,融入有令人垂涎的堅果香氣,而烤青蔥散發出的濃郁鮮味,也在與鹹甜又帶有醋味的蘸醬結合時,達到這道料理真正的高潮。

木薯粉可用於製成輕盈透氣的麵糊,類似於許多韓國家庭使用的煎餅粉。這道料理的麵糊適合嘗試用不同的餡料,例如切碎的泡菜和甜櫛瓜,或其他零碎剩餘的蔬菜。我發現將麵糊放在冷藏一晚,口感會有所改善,因為麵筋會變得鬆弛,但若時間不足,放置30分鐘也可以。未加餡料的麵糊放在保鮮盒內,可於冷藏保存3日。

3份19公分的煎餅

3束蔥,大約350克
100克的魷魚,清洗後切成小片(非必要)
50克的大蝦,粗略切碎(非必要)
1根長形紅辣椒,斜切成片
2顆蛋,輕輕拌入
植物油,煎餅用

麵糊

150克的中筋麵粉
50克的木薯粉
2大匙玉米粉
½茶匙的海鹽片
¼茶匙的發酵粉
250毫升的冰水

搭配細香蔥蘸醬(見222頁)或醬醃洋蔥(見88頁)上桌

首先將麵糊的乾燥食材混合入大攪拌碗中,倒入冷水攪拌至光滑,然後再冷卻靜置一晚,時間不足的話則30分鐘。麵糊一開始會看起來很稀,但會隨著時間慢慢膨脹而變得濃稠。

將蔥修剪成足夠放入大煎鍋的尺寸,尺寸稍大的也縱向切成兩半,如此厚度就比較統一。如果喜歡的話,可以準備魷魚和大蝦,並將其混入一個碗裡,放置一旁待煎餅時加入。接著將所有煎餅的食材都準備好,因為做煎餅很需要集中注意力,如此才方便執行流程。

在煎鍋中加入2大匙的油並以中火加熱,然後放入三分之一的蔥,形成緊密沒有大空隙的一層蔥,再舀三分之一的麵糊到蔥上面,把麵糊攤開並填入所有空隙。而你可以聽到冷麵糊下鍋時,輕輕的沙沙聲響起。

接著撒入三分之一的海鮮(若有)和紅辣椒,也在上面淋上三分之一的蛋。

繼續保持中火,如果熱度太低,煎餅會吸收過多的油脂。仔細聽麵糊溫和的嘶嘶聲、注意煎餅邊緣不斷冒出的泡沫——這些都是好兆頭。邊緣很快就會變脆,而如果看起來有點乾,可能就需要在鍋子的邊緣多加一點油。3至4分鐘後,煎餅上會出現烤熟的斑點,這就表示差不多了煎好了,這時再淋上一些油並翻面。記得按壓煎餅的中心,以幫助餡料都固定好。再煎個3分鐘或煎到呈金黃色為止,並繼續用剩下的麵糊重複以上步驟。

附上蘸醬與剪刀用來剪斷煎餅,即可上桌。剩餘的煎餅可以冷藏,重新加熱只要回溫,加少許油到熱鍋中加熱到變脆即可。

Banchan: The Small Plates 飯饌：韓式小菜

豆腐豬肉丸　Pork ＋ Tofu Meatballs

比起其他韓式料理，韓式肉丸比較沒有那麼熱門，但卻是過去常常出現在重大場合的主角，像是在秋夕（*Chuseok*，韓國的中秋節）或農曆新年（*Seollal*），我家中的餐桌上總會出現他的身影。沒有花一整天捏塑肉菜與裹粉肉丸，就稱不上是節慶假日了。每個人都舒適地坐在地上，圍著每年都會在節慶中拿出來的老舊電煎鍋，盡忠職守地執行各自的準備工作。

我在網路上看到這道菜的正式名稱為*donjeonya*，*don*是「舊硬幣」的意思，而*jeonya*則有「由裹上麵粉的碎魚或碎肉，在熱鍋中以少油煎成的料理」之意。這個名稱對我來說很陌生，因為我從小聽到的名稱是*dong-gue-rang-ttaeng*，對其他許多的韓國人也是。*Dongguerang*大概可以直譯為「圓形的」，*ttaeng*則形容硬幣掉落的聲音。光聽名字，不難看出這種肉丸是用碎豬肉和豆腐，所製成的圓形小物。

這道料理非常適合搭配米飯或啤酒。我喜歡把肉丸做成圓形，但有些微扁平，如此形狀就會介於肉丸和肉餅之間，長得像蓬鬆的軟墊一樣。肉丸輕輕壓扁的形狀，能確保煮的時候肉能平均受熱，不會變乾。

將剩餘的肉丸放在保鮮盒中，可以在冷藏保存3日，冷凍則可放幾個月。

18顆高爾夫大小的肉丸

300克的碎豬肉
1茶匙的醬油
1茶匙的味醂
¼ 茶匙的薑末
¼ 茶匙的新鮮研磨黑胡椒
大約40克的洋蔥
大約40克的紅蘿蔔
1根青辣椒
1根長形紅辣椒
150公克的板豆腐
2顆蒜瓣，剁碎
1大匙的馬鈴薯澱粉
1大匙的烤芝麻油
1大匙的蠔油
½ 茶匙的海鹽片，或依照個人偏好適量
1大匙的中筋麵粉，裹粉用
1顆蛋，輕輕打散
大約2大匙的植物油，煎肉丸用

搭配細香蔥蘸醬（見222頁）或醬醃洋蔥（見88頁）上桌

首先將豬肉放入一個足以容納所有食材的攪拌碗，以醬油、味醂、薑和黑胡椒調味豬肉，並放置一旁待用。接著準備洋蔥、紅蘿蔔、綠和紅辣椒，將他們盡可能地切得越細碎越好，如此就都能均勻煮熟到軟化，並去除不受歡迎的生味。切好了之後，將蔬菜混入攪拌碗。

部分以平紋細布或薄紗棉布包裹豆腐，盡可能地扭擰出多餘的水分，而在擠壓與扭曲的過程中，豆腐會跟著碎掉，這完全沒問題。然後小心地將碎豆腐放入攪拌碗中，和豬肉與蔬菜在一起。

在烤盤上鋪上防油紙並放置一旁，製作肉丸時就可以直接放在上面。

將大蒜、馬鈴薯澱粉、烤芝麻油、蠔油（oyster sauce）和海鹽加入攪拌碗，與豬肉和豆腐混合。以手使勁攪拌，就像揉麵糰一樣，並刮除碗中沾黏的部分，好讓所有食材都澈底結合。在這個步驟，他會開始硬化並變得有些黏稠。

這道食譜的鹽量對我來說剛好，然而在開始捏塑肉丸之前，從攪拌碗中取出1茶匙的量來炸並嘗試調味，也是一個好主意，如此就能確定調味是否適合你。接下來取出混合物並揉捏成高夫球大小的肉丸，再輕按壓平到直徑約有4到5公分即可。做出18顆肉丸就大約足夠了。

將麵粉放入托盤或淺盤中，小心地在麵粉裡滾動肉丸，並撒上些微麵粉。接著在一個碗中打入蛋，加上少許鹽攪拌。

再整理並設置一下料理台，因為會需要同時沾蛋液和煎肉丸。準備好一整排裹好麵粉的肉丸、蛋液、煎鍋和鋪好廚房紙巾的托盤或盤子，肉丸煎熟了就可以放在上面。

接下來，在煎鍋中以中小火加熱植物油、把肉丸浸入蛋液中均勻塗抹，直到看不到任何一絲麵粉為止，然後小心地將肉丸放在煎鍋的一點鐘方向（想像煎鍋是一面鐘），每一面煎個3至4分鐘到呈金黃色，並放到鋪紙巾的盤上。與此同時，繼續往鍋裡加入肉丸並翻面，並隨著時鐘方向轉動，如此就能知道哪一個先翻面，哪一個可以拿出來了。

冷熱皆可食用，並佐以蘸醬上桌。

煎與烤

海苔蛋捲 Rolled Omelette with Seaweed

在韓國，我們會把雞蛋打散並加入切好的蔬菜或融化的起司，煎成一層歐姆蛋，再捲成蓬鬆的蛋捲（*omelettes*）。蛋捲不會有任何一絲「蛋味」，而輕盈絲滑的蛋和番茄醬也搭配得很好。我喜歡這道食譜的簡單和方便性，無論是早餐、午餐或是晚餐，都能夠輕鬆製作。

更傳統的作法常會加入海苔片（像做壽司的那種）或切好的胡蘿蔔和蔥，但我認為幾乎所有東西都可以——我還見過其他人用鹽漬明太子、剩飯或甚至法蘭克福腸！

做這道料理不一定需要方形平底鍋，但我確實覺得會比較方便。我個人則用相當便宜（又很舊）的不沾鍋，來專門製作海苔蛋捲（*gyeranmari*）。記得保持小火以防止蛋炒焦。此外，我也發現同時使用兩個鍋鏟，能夠在使用一般圓鍋的時候，有助於翻蛋。這種技巧的確需要練習才能比較熟練，但很快就能學會的，耐心一點，不要讓頭幾次的失敗使你感到失望，因為最後都能成功的！

首先將蛋打入有倒嘴的容器，使勁打拌成光滑無塊的蛋絲，加入橄欖油、味醂、鹽和醬油，並確保所有食材都混合好後，再拌入洋蔥。

下個步驟需要全神貫注，因此請準備好需要的工具、混和好的蛋液與食材和一片海苔。也準備一塊砧板，好方便放置做完的蛋捲。

在不沾鍋上加入植物油並以小火加熱，然後旋轉鍋子以讓油均勻塗抹於鍋面。這不需要太多油，但鍋面需要確實塗好。當油變熱時，快速攪拌蛋液並倒入一半到鍋中，輕輕搖晃鍋子好讓蛋鋪滿整個鍋面。仔細觀察邊緣是否開始煮熟，而中間的部分會看起來比較生，周圍部分只有一些凝固。

部分將海苔片置於其上，輕輕推到蛋上。再來開始從比較熟的邊緣捲起——同時拿兩把鍋鏟，一把用來捲起，一把用來支撐。繼續捲到中間時，鍋裡的蛋應該熟得差不多了，因此可以將蛋捲移得離自己更近一點。如果鍋裡看起來有點乾，就加一些油。再來倒入一半的蛋液覆蓋鍋面，並繼續捲。快完成時就重複步驟，將捲好的蛋捲推到一邊，再倒入剩下的蛋液。

蛋捲捲好後，看起來像一塊圓木。然後用鍋鏟輕輕地按壓邊緣以固定形狀。如果你覺得自己可以，就把蛋捲翻面並按壓每一面。我喜歡把蛋捲做成金黃色的樣子，沒有煮太熟而變褐色，以確保蛋的口感是鬆軟的。完成後立即將蛋捲移到砧板上，冷卻一兩分鐘，並切成厚2公分的厚塊，即可上桌。

二人份

4顆蛋
1大匙的特級初榨橄欖油
1大匙的味醂
½ 茶匙的海鹽片
½ 茶匙的湯醬油或生抽醬油
1根蔥，切碎成片
1片大海苔
1大匙的植物油，煎蛋捲用

搭配番茄醬上桌

辣烤高麗菜
Charred Cabbage in Warm *Gochujang* Vinaigrette

很多人認為煮熟的高麗菜不怎麼美味，而我一直都為此感到遺憾。在韓國，高麗菜是很常見的日常蔬菜，人人都愛吃。韓國人會用所有能想像得到的方式，利用這種不起眼的蕓薹屬（Brassica）植物。我從小吃高麗菜長大，對他可說是情有獨鍾。高麗菜清脆的葉片緊緊相依，煮熟後便漸漸展開呈半透明色，纖維質地變得軟嫩，其風味與濃郁口味相結合時，在入口時更帶來溫柔的舒適感。

這道料理的靈感，來自兒時體驗過的滋味——對比口味組合在一起的刺激體驗，即搭配韓式辣醬的蒸高麗菜；隨著年齡越大，越對這道菜愛不釋手。略微烤焦的高麗菜具有濃郁的焦糖甜味，也有些微（可口的）苦味，與大蒜溫暖的酸味和帶煙燻味的韓式辣醬搭配得很好。

搭配上脆皮煎蛋和白飯一起上桌，會是一頓很棒的平日晚餐。

二至四人份

½ 顆高麗菜
1大匙的植物油
½ 茶匙的海鹽片
½ 茶匙的新鮮研磨黑胡椒
2茶匙的粗黃砂糖
2茶匙的醬油
2茶匙的韓式辣醬
½ 茶匙的韓式辣椒片
2大匙的初級特榨橄欖油
2顆蒜瓣，剁碎
2大匙的蘋果醋

首先去除高麗菜任何有枯萎的外葉，再縱向切成兩半，然後去除菜心，將葉子都撕成一口大小。高麗菜的邊緣會看起來不平均，但這沒關係。將切好的高麗菜片放入大攪拌碗裡，浸泡冷水10分鐘後好好瀝乾。

再將高麗菜與植物油、鹽和黑胡椒攪拌在一起。

將烤箱預熱至高溫，放入一個空的大烤盤加熱。

部分小心從烤箱中取出熱烤盤，並將調味好的高麗菜放在上面，你會聽到高麗菜接觸到烤盤時發出灼熱的滋滋聲。烤個7分鐘，轉動一或二次以確保烤得均勻，而你應該會注意到邊緣在某些地方開始烤焦了，高麗菜內部也會變軟，但仍有保有脆勁。部分放置一旁待用。

與此同時，將糖、醬油、韓式辣醬、韓式辣椒片混入小攪拌碗中，好好攪拌並放置一旁待用。接著將橄欖油和大蒜放入深平底鍋，並慢慢加熱至中火幾分鐘——我會從冷鍋開始煮，以防止大蒜煮得太焦熟，所以要有耐心把火調低。大約2分鐘後，大蒜才會開始散發香氣，這時混入醬油和韓式辣醬，不停攪拌使其融入油中，並繼續低溫煮2分鐘。

再拌入蘋果醋，並加熱至不沸騰的溫度，大約30秒即可，然後關火放置一旁。

最後在大攪拌碗中，將高麗菜和煮好的辣醬混合後即可上桌。冷熱皆可食用。放在保鮮盒中，可於冷藏保存幾日。

醬炸茄子 Soy Sauce Glazed Aubergines

盛夏時節，母親的飯桌上擺滿細長的韓國茄子。其深紫色的外皮即便煮後也閃閃發亮，緊實的內肉嘗起來總是甘甜，毫無一絲苦澀。母親常會以炒或蒸煮的方式處理茄子，也都會保留他有嚼勁的薄皮。

更常見的西洋茄子（Western aubergines）會較大、皮更厚、內肉更溼軟，用油炸的方式處理會有助於軟化較硬的表皮。

不要將茄子切得太小，一旦加鹽又擠壓，他們會開始縮小。這道食譜中，以鹽醃製茄子不是為了去除苦味，而是為了去除多餘的水分，好讓茄子擁有合適的口感，也防止茄子在油炸時，完全浸入熱油中。

四人份

2 根茄子，大約600克，縱
　向切成四份，再切成一
　口大小
½ 茶匙的海鹽片
3大匙的馬鈴薯澱粉
植物油，油炸用

醬料

3大匙的水
2大匙的味醂
2大匙的醬油
1大匙的韓式米糖漿
　（jocheong）
1大匙的蘋果醋
2茶匙的粗黃砂糖
½ 茶匙的新鮮研磨黑胡椒
2顆蒜瓣，剁碎
1根長形紅辣椒，切成細片

增添風味

½ 茶匙的烤白芝麻籽
20克的烤花生，粗略切碎

首先切除茄子頂部，縱向切成四份，再將每一份切成一口大小的塊狀。將切好的茄子放入濾盆，並充分混合鹽。然後將濾盆放在碗或水槽上靜置30分鐘，並且無須沖洗，只要輕輕按壓茄子去除水分即可。

與此同時，將醬料的所有食材混合進一個碗中，並放置一旁待用。

再將馬鈴薯澱粉放入一個碗中或可重複使用的塑膠袋，並加入鹽漬好的茄子。如果用的是袋子，就將頂部密封並輕輕搖晃，使茄子充分裹粉。接下來靜置幾分鐘，並在烤盤上準備一個冷卻架。

部分在一個厚底的大平底鍋中加入植物油，油的深度要足夠淹蓋茄子，但不要超過鍋子的四分之三。然後加熱至185℃。

輕輕將幾塊茄子放入油中，好讓他們有足夠空間可以油炸，而不會一下子讓鍋中的油溫下降太多。炸3分鐘到每面都呈金黃酥脆，再將他們放到冷卻架上──我覺得金屬架比較有效，因為放在廚房紙巾上的話，茄子往往都會沾黏住。接下來就分批油炸，重複以上步驟。

再來將醬料的食材倒入大炒鍋中，以高溫快速煮沸，大約2分鐘，直到醬料變得像糖漿一樣濃稠。然後將炸茄子放入大炒鍋中，讓他們均勻塗上醬料，再煮約1分鐘，直到茄子開始呈現亮滑光澤；鍋中應該還會留下一些醬汁。

最後加入烤芝麻籽和碎花生，即可熱騰騰地上桌。

54

油炸

糖醋豆腐　Sweet ＋ Sour Tofu

Dubu Tangsu

糖醋肉（*tangsuyuk*）是典型的韓式中華料理，通常都使用豬肉條製成。其裏上澱粉麵糊後，肉的外皮會變得十分酥脆，即使沾上柔順的糖醋醬也不會太過溼潤。而在這道食譜中，我將肉改成豆腐，因為我的冰箱裡總有庫存，而且這也會是個很好的素食餐。

　　韓式中華料理（*junghwa yori*）據說源自於十九世紀晚期移民來韓的中國人，他們帶來了自己家鄉的滋味，並依照韓國的特色來調整並適應當地，成為中韓混血的料理文化。其中有些菜餚經歷過漫長的演變，早已與原初的模樣大不相同，但就本質上仍留存有中華特色的根源。

　　我認為韓式中華料理的存在，反映出我所支持的信念──即食物與人共生共存，能夠影響與教育他人，且拓展人們的文化經驗。我們藉由實踐飲食文化的傳統，來保持自身與根源的聯繫，並確保未來的世代能夠有所繼承。

首先以廚房紙巾將豆腐拍乾，然後切成2.5公分的方塊──從豆腐的中間切成兩半，每一半切成四等份，每一份再切成方塊，會方便許多。再來將豆腐放在鋪有廚房紙巾的盤子上，以吸收多餘水分，並加上大量的鹽靜置10分鐘。

與此同時，將糖、蘋果醋、番茄醬、醬油、薑和水混入小攪拌碗，並放置一旁待用。

部分將馬鈴薯澱粉和玉米粉倒入一個碗或可重複使用的大塑膠袋中，並加入鹽漬好的豆腐。如果用的是袋子，就將頂部密封並輕輕搖晃，來使豆腐充分裹粉。接下來靜置幾分鐘，並在烤盤上準備一個冷卻架。

在一個厚底的大平底鍋中加入植物油，油的深度要足夠淹蓋豆腐，但不要超過鍋子的四分之三。

將油加熱至175℃，並輕輕將一些豆腐塊放入油中，好讓他們有足夠空間可以油炸，而不會一下子讓鍋中的油溫下降太多。炸個5分鐘，直到均勻呈金黃酥脆，再轉置到冷卻架上。接下來就分批油炸，重複以上步驟。

將混合好的醬料放入鍋中，以大火快速煮沸，表面會浮出許多氣泡。繼續煮沸約3分鐘，好讓醬汁減少水分而變稠。再加上切好的檸檬和一點點肉桂粉。

再來調小火量，將水與馬鈴薯澱粉混合成漿狀，慢慢加入醬料中（一開始約三分之二），直到醬汁變得光亮，呈清澈蜂蜜的濃稠感，且應該不太需要加完所有粉漿。

一旦醬料呈所需的濃稠度，就倒入炸好的豆腐並攪拌均勻。最後撒上烤黑芝麻籽，即可熱騰騰地上桌。

二人份
396克的豆腐塊
細海鹽
3大匙的馬鈴薯澱粉
2大匙的玉米粉
植物油，油炸用

醬料
2大匙的粗黃砂糖
2大匙的蘋果醋
1大匙的番茄醬
1大匙的醬油
1茶匙的薑末
150毫升的水
½ 顆檸檬，切片
些微肉桂粉，依照個人偏
　好適量
1大匙的水
1茶匙的馬鈴薯澱粉

增添風味
½ 茶匙的烤黑芝麻籽

蔬菜天婦羅 Mixed Vegetable Fritters

在首爾成長的時期，只要學校開始放漫長的暑假，就沒有人能幫忙父母照顧我們。我和其他兩位手足，常在他們工作的地方磨耗時光、在倉庫裡四處奔跑，並把休息室作為基地。我們會自己發明遊戲玩一整天，或在專屬於我們的小王國裡大鬧一番！偶爾，母親會交代一些小事情去做，好讓我們靜下來。結束後，我們會用盡甜言蜜語說服母親，希望能得到街上所賣、各式各樣的炸物點心，以作為回報。而其他時候，我們會躲在成堆的箱子之後，偷吃一大堆薯片和冰棒，彷彿對於世上其他的事物都毫不在乎。那些盛夏的日子裡充滿著，清晨吹過的徐徐微風，以及睡眼惺忪坐在回家路上的車時，見證城市霓虹快速飛舞的片段。儘管聽起來如此簡單，但依然能夠感受到強烈的愛與自由感，而其中夾雜著味覺所承載的溫柔記憶，至今仍為我帶來喜悅與懷舊之情。

　　將具自然甘甜的根莖類蔬菜，包裹上散發堅果香氣的酥脆麵糊，便擁有了宜人的風味：第一口咬下就能感受到酥脆口感，帶著餘味綿長的柔軟感，而日常蔬菜熟悉的味道，就這麼環繞在舌齒間。雖然通常都是使用較為厚重、類似用於煎餅的麵糊，但我更喜歡只塗抹一層薄麵糊，展現蔬菜的風味。而這道料理的麵糊適合嘗試用不同零碎剩餘的蔬菜。

12至16個小天婦羅

200克的番薯，切成火柴狀
75克的紅蘿蔔，切成火柴狀
½ 顆洋蔥，切成薄片
植物油，油炸用

麵糊

60克的中筋麵粉
15克的玉米粉
½ 茶匙的海鹽片
¼ 茶匙的泡打粉
½ 茶匙的烤芝麻油
100毫升的冷水

搭配細香蔥蘸醬（見222頁）或醬醃洋蔥（見88頁）上桌

首先將番薯放入碗中，浸泡冷水10分鐘以去除多餘的澱粉；如果用馬鈴薯，也會需要這麼做。再來完全瀝乾並用茶巾拍乾。然後與紅蘿蔔和洋蔥攪拌在一起，放置一旁待用。

將麵糊的所有食材混入大攪拌碗中，並均勻攪拌。如果麵糊看起來很稀，請不用擔心，這完全沒問題。將麵糊靜置於冷藏10分鐘。

將蔬菜放入麵糊中，讓蔬菜都塗抹均勻，而麵糊會感覺起來好像無法黏住，但也請別擔心，這樣就足夠了。

在烤盤上準備冷卻架。

在一個厚底的大平底鍋中加入植物油，油的深度要足夠淹蓋蔬菜，但不要超過鍋子的四分之三，然後將油加熱至175℃。

以兩個勺子一匙一匙地小心將蔬菜滑入油中，不需攪拌。雖然他會看起來不太能保持形狀，但炸的時候就會黏在一起了，所以不用擔心形狀是否平均，他們都會一樣美味。炸個3到5分鐘直到呈金黃色、邊緣變得酥脆。完成後，移到冷卻架冷卻，並繼續分批進行，以確保鍋內不會太壅擠。

最後搭配你任何喜歡的蘸醬，即可熱騰騰地上桌。

老式炸豬排 Old-School Pork Cutlet

我仍然清楚記得初次嘗到甜脆豬排的感受：坐在料理檯旁邊望著開放式廚房，一鍋熱騰騰的湯冒著泡沫，也有無數的豬排被放入熱油中炸得香脆。許多客人入座有序而緊挨彼此，餐廳充滿著生動又欣喜的談笑聲。廚師宛如舞者般，在廚房裡隨著交響樂優雅地來回穿梭。一切都如此令人心動，而對還年幼的我來說，除了美食，能夠體驗這種全新的感受，又是多麼神奇的一件事。

　　一大盤脆炸豬排由濃郁的棕色醬汁所覆蓋，而醬料大概是基於多蜜醬汁而製成，具有完美的酸味，能使豬肉變得更加美味。炸豬排都是整塊完整地上桌，從來都不會切片，也會用刀叉食用，因為這道菜被視為西式料理，在韓國則稱為*gyeongyangsik*。冰涼的通心粉沙拉——我之前從未見過——也會搭配炸豬排，並附上沾有番茄醬和美乃滋的高麗菜絲。而在此之中則會放上一碗白米或醃蘿蔔，讓餐桌更道地一些。

　　這道老式炸豬排，也被稱為日式炸豬排（Tonkatsu），最早於日本殖民時期引入韓國，並被認為源於歐洲：像是義大利的米蘭炸豬排（Italian veal Milanese）、法式炸豬排（French escalope）或德式炸豬排（German schnitzel），只是其中幾個例子而已。

　　雖然在韓國的日式豬排一直都是切厚片上桌的，但韓式的版本則更薄，也都是用豬腰肉做成。屠夫準備的豬肉都會用機器壓扁、嫩化，並在肉上留下均勻的壓痕，以防止肉捲曲起來。

　　我喜歡用槌肉器將豬肉壓扁，並用肉針器軟化肉質。你也可以用擀麵棍或刀背來取代，而如果沒有這兩者，只要在肉上切幾個小刀口，以防止油炸時肉捲曲起來即可。

二人份
兩份150克處理好的豬腰肉排
½ 顆洋蔥，粗略切碎
3大匙的全脂牛奶
½ 茶匙的大蒜粉
½ 茶匙的海鹽片
3大匙的中筋麵粉
1顆蛋，用些微鹽打散
100克的日式麵包粉
植物油，油炸用

首先用我所提及的工具（見上述介紹）將豬肉片壓扁與嫩化，使其厚度約為1公分。在壓豬肉時，可以用保鮮膜或可重複使用的袋子，來保護肉的表面。

再將洋蔥和牛奶置入攪拌機，攪拌至順滑，然後放入大蒜粉和鹽攪拌。完成後，倒上嫩化好的豬肉，並冷藏30分鐘。

與此同時，將糖、番茄醬、伍斯特醬、醬油和英式芥末醬放入碗中混和，充分攪拌均勻，放置一旁待用。

將奶油和麵粉放入厚底鍋中，開中小火煮3至4分鐘。記得要持續攪拌，直到呈焦糖棕色為止，並留意不要烤焦。

→

醬料

1大匙的粗黃砂糖

2大匙的番茄醬

2大匙的伍斯特醬

2茶匙的醬油

1茶匙的英式芥末醬

10克的無鹽奶油

10克的中筋麵粉

300毫升的水

½茶匙的新鮮研磨黑胡椒

3大匙的全脂牛乳

海鹽片，依照個人偏好適量

增添風味

120克的高麗菜，切碎成絲

大量的伍斯特醬

大量的初級特榨橄欖油

適量的鹽和胡椒

然後一次一點地小心將水倒入，並不斷攪拌以保持滑順。然後將混合好的醬加入鍋中，也加入黑胡椒調味，再煮15分鐘以收汁，並記得偶爾攪拌。

加入牛奶，並依照個人需求加鹽。煮5分鐘以稍微變稠，這時醬汁應已煮成流體狀，然後保溫並待用。

從冷藏中取出豬肉，並盡可能地除掉醃汁，並用廚房紙巾擦乾豬肉。再來準備個有邊淺盤或托盤：一個裝麵粉、一個裝雞蛋，最後一個則裝日式麵包粉，並在麵包粉上灑些水使其溼潤。

一手用於雞蛋，另一手則於乾燥的食材，將豬肉輕輕灑上麵粉，再沾入打散的蛋液中，然後輕而有力地推入麵包粉中，確保肉都均勻包裹。另一片也重複以上步驟，並放置一旁待用。

在烤盤上準備冷卻架。

在一個厚底、適合油炸的大平底鍋中加入植物油，油的深度最好要足夠淹蓋豬排，但若不夠深就要在過程中翻面，以確保油炸均勻。將油加熱至160℃，再逐一加入豬排，炸個4分鐘直到黃金酥脆。熟透後，將豬排置於冷卻架上，多餘的油份就會滴下。

在一個碗中拌入高麗菜絲、伍斯特醬、橄欖油和調味料。

最後將炸好的豬排分配到兩個盤子中，不要切片。再大方地將溫熱的醬料澆倒在上，並配上高麗菜沙拉上桌。

韓式醬牛肉 Soy Sauce Beef with Jammy Egg

母親的韓式醬牛肉（*jangjorim*）是如此美味，可口的鹹味搭配上甜醬，讓人想舀上一匙到熱騰騰的白米上，搭配著入口。淡金色的奶油慢慢融化在米飯上，使其呈現出誘人的光澤。搭配的水煮蛋沾上醬汁而變成深木色，其珍珠般潔白的蛋皮彈性十足、很有嚼勁。但是也因為煮太熟，而在蛋黃周圍呈現一圈苔綠色。

　　我記得，一切都嘗起來有奇異的堅果味，口感也很滑順，咬下一口又鹹又嫩的牛肉，以牙齒咬開肉的脂肪，真的是一大享受。

　　這道料理無論用的是牛肉還是豬肉，最好都是使用瘦肉，因為通常會在正常室溫下上桌。牛肉會先與香料一起煮至熟嫩，然後切撕成粗條塊，再由以醬油和糖調味而成的湯水燉煮。

　　依照傳統，這道菜的鹹味較重，以確保能長期保存，而就像小菜，我們不把他當成燉菜一樣很常吃。過去常說，做得好的韓式醬牛肉可以保存數週不成問題，不過蛋還是要趁早食用。

　　與其煮全熟蛋，我更喜歡把這道食譜的蛋做成溏心蛋，以享受流質口感的蛋黃。在醬汁中醃製的肉和蛋，隨著時間累積會擁有更好的風味。

　　切勿一開始就想用醬油燉肉，因為太早加入鹹味的醬油會使肉的水分流失，使肉質變得更硬。而待冷卻後，可以撈出硬化的油脂，讓醬汁更純淨。

首先用廚房紙巾將牛肉擦乾，以去除表面的血水，再將牛肉切成5公分的方塊，並確保肉的紋路排列均勻。接著將牛肉、韭蔥、大根蘿蔔、洋蔥、大蒜、乾海帶和黑胡椒粒置入大深鍋，加入水並煮沸。這時會開始浮出泡沫，先將之刮除，他們會隨著燉煮的過程慢慢消失。接著立刻調小火量，保持小火慢燉，且時不時會冒出小泡。再燉煮約1.5個小時，並讓鍋蓋稍微開著直到肉軟化。完成後，取出牛肉塊並放置一旁待涼。

與此同時，將一鍋水煮沸用於煮蛋。先加入鹽和醋，再小心放入蛋。輕輕拌煮約6分鐘，讓蛋稍微半熟。完成後瀝乾，輕輕滾動或敲打蛋殼，使其稍微裂開一些，再浸泡於冷水到完全冷卻。冷卻後剝去蛋殼，放置一旁待用。

以細篩網將燉煮牛肉的湯汁過濾，保留600毫升的湯汁，並去除其中的香料。剩餘的湯汁可以保存起來，以便日後做湯或燉菜使用。

→

六人份
600克的牛胸肉或牛後腰脊
　翼板肉
100克的韭蔥，橫向切成一半
100克的大根蘿蔔，切成大塊
½ 顆洋蔥，帶皮
5顆蒜瓣，保留完整
2 茶匙的薑，粗略切片
1片5×7.5公分的乾海帶
1茶匙的黑胡椒粒
1公升的水

醬料
3大匙的粗黃砂糖
4大匙的醬油
2大匙的味醂
2茶匙的英式芥末醬
2根乾燥的紅辣椒

蛋
1茶匙的細海鹽
1茶匙的蘋果醋
6顆蛋

增添風味
少許烤白芝麻籽

　蒸煮與燉煮

牛肉塊冷卻到一定程度後，用兩個叉子或手將肉塊縱向撕成厚肉片，並放置一旁待用。

將預留的肉湯倒入一個鍋中，再加入糖、醬油、味醂、芥末醬和乾燥的紅辣椒，並攪拌均勻。再來加入肉片並煮至沸騰，接著調低火量以中小火煨煮40分鐘，記得時不時就要攪拌。完成後，醬汁應該明顯減少，這時輕輕拌入蛋再稍微加熱一些。接下來關火，待涼後移置保鮮盒中，完全冷卻後才可放入冷藏，能夠保存5日。

雖然在傳統上，這道菜都是以冷盤或室溫上桌，但我喜歡熱騰騰地食用：只要倒出所需分量並稍微加熱即可。上桌前撒上少許烤白芝麻籽，並搭配白米一起享用。

韓式蒸蛋 Steamed Egg

母親常會用蒸飯鍋來做韓式蒸蛋（*gyeran jjim*）。用保鮮膜包裹的舊陶瓷鍋裡裝滿鬆軟的蛋，舒適地躺在洗淨如皎白珍珠的米粒間，水則環繞著底部，只蓋到陶瓷鍋的幾公分高。這是她所想到，能夠同時一次煮兩道料理的簡單方式，好方便先在爐頭忙著其他事。

她的韓式蒸蛋通常會用鹽漬的蝦調味，以附加上深厚的海洋鮮味。夏季時，則會加入切碎的櫛瓜，並摻入韓式辣椒片為蒸蛋染上鮮紅斑點。我會從邊緣舀上一大匙，尚未被辣椒侵入又搖搖欲墜的蒸蛋，並搭配米飯一起入口，其柔軟的蛋飯會如絲綢般，柔順地滑入喉嚨深處。母親的料理從不精緻講究，但總能使我們感受到愛的飽足。而我仍然覺得，蒸蛋對於靈魂，如同對於口腔一樣，是如此溫柔且美好。

儘管我對母親將蛋和飯一起蒸煮的方式，十分欣賞，但我更喜歡蛋稍微凝固綿密的口感。我們會將鬆散的蛋以細篩網過濾，以保持絲滑感。我也喜歡灑上碎蔥和薑片，以添增清新的風味，而加上一把蘑菇也很好。這道料理會是很棒的早餐。

二碗200毫升的蒸蛋

3顆蛋

1大匙的味醂

½ 茶匙的粗黃砂糖

½ 茶匙的海鹽片

½ 茶匙的魚露

240毫升的基礎高湯（見219頁）或昆布蘑菇高湯（見220頁）

增添風味

1根蔥，只用蔥綠部分，切成薄片

少量的薑，去皮切成火柴狀

少量的烤芝麻油

首先將蛋打入攪拌碗中，並輕輕攪拌而不要製造出太多泡沫。

再輕輕拌入味醂、糖、鹽、魚露和高湯，並確保糖與鹽完全溶解。然後將蛋液過濾到有倒嘴的量杯中。

小心將蛋液倒入耐熱碗中，如果只需要做一份蒸蛋，就能先將一碗保存下來，日後可以再蒸一份。而如果你喜歡，也可以只用一個大碗。

準備設置蒸鍋。我會將蒸盤放入蒸鍋中央，碗就放在上面。然後在鍋中加入剛沸騰的水，剛好覆蓋蒸盤表面即可，如此水和碗就不會直接接觸，再來蓋上鍋蓋以保持蒸氣。以小火蒸煮7分鐘，使蛋稍微凝固一點。如果你用的是大碗，可能會需要多煮幾分鐘。

只要蛋凝固成你喜歡的口感，就可以小心將碗取出，並放在耐熱的表面上。撒上一些碎蔥和薑，再滴上一些烤芝麻油，即可上桌。

茄子沙拉 Roasted Aubergine Salad

Gaji Namul

這道料理更傳統的作法是，將茄子沿縱向切成兩半（如果茄子很大，可以切成四份），並蒸煮到內肉完全軟化。待冷卻到一定程度後，通常會用手撕開茄子，以形成不平整的表面，露出不同層的內肉，這樣一來便有助於茄子更好吸收調味料。如此不平均的口感，正是這道菜受人喜愛的原因。我見過母親只需徒手，就可以熟練地撕開一堆燙手的茄子，然後將之拌入香氛的調味料中。這道令人垂涎的飯饌因為其清新又輕盈的風味，能使疲乏的胃口振奮精神，而常會在悶熱的夏末晚餐中，成為矚目焦點。

　　上述的技巧在處理亞洲茄子時十分適用，因其外皮較薄而內肉緊實，但大多數的西方品種的外皮較厚且堅韌，蒸煮後的內肉也常太過軟爛。即便在蒸完後，外皮也還是相當堅硬，而為了解決這個問題，我選擇以烘烤的方式處理茄子，直到烤熟到內肉完全軟化，就拋棄外皮並挖出嫩滑的內肉即可。

首先將烤爐預熱至180℃。

再用叉子在茄子上戳出幾個小洞，以防止烤製時爆裂。然後將之放入烤爐，烤約40分鐘或直到完全軟化為止。

與此同時，將調味料的所有食材融合在攪拌碗中，並放置一旁待用。我喜歡用大的攪拌碗，如此就可以直接舀入烤熟茄子的軟嫩內肉。

當茄子烤好後，外皮會變得皺褶，觸感也很鬆軟。使其稍微冷卻，就不會太燙手而難以處理。接著小心剝去外皮並丟棄，再用叉子將軟嫩的內肉切碎或搗碎，然後與調味料攪拌混和，並靜置幾分鐘讓茄子好好吸收。

這道料理冷食相當美味，只要裝進保鮮盒就能在冷藏保存幾日。

二人份
1根大茄子

調味料
2大匙的湯醬油或生抽醬油
1大匙的烤芝麻油
2茶匙的粗黃砂糖
2茶匙的米酒醋
1茶匙的烤白芝麻籽
2顆蒜瓣，剁碎
1根蔥，切成薄片

奶油醬燒馬鈴薯
Soy Butter-Glazed Baby Potatoes

香氣撲鼻的金黃馬鈴薯慢慢在熱盤上熟透焦化，明確標誌著我們就在旅途上。這些馬鈴薯小到可以用牙籤戳起；這道菜只是由奶油、鹽，也許還有一小撮糖（是的沒錯，就是糖）所製成的簡單料理，但卻是最佳的戶外小吃。

有時，我認為我們所品嘗到的，並非只有食物本身的風味。我們也感受到了，生滿野花與多雨的季節；炙熱陽光和溫煦微風與肌膚的相遇；生活周遭充滿活力的聲音，以及使我們感到快樂的人們，所帶來的溫暖。當我想起一道料理裡的滋味時，我也會想起空氣中所彌漫的氣味、在廁所前排隊時與他人的閒聊，以及孩子天真地玩耍，不知鼻尖上沾有冰淇淋的記憶。我認為，滋味的回憶是鮮明清晰又虛幻飄渺的，過往所被記得的一切細節都介於這兩者之間，而正是出於此因，才往往難以複製。

這是一道令我感到懷舊的美味菜餚，點綴著被陽光晒傷的海灘假期，或年輕時無憂無慮的旅行記憶。他介於韓國典型的公路休息站小吃——奶油烤馬鈴薯（butter-grilled potatoes），與兒時常吃的飯饌料理——醬煮馬鈴薯（soy-braised potato）之間。醬料很快就能製作完成，所以馬鈴薯煮熟後再做即可，搭配大量的帕瑪森起司，好與灑於其上的糖形成對比。

三至四人份
1大匙的初級特榨橄欖油
500克的小馬鈴薯
海鹽片，依個人偏好適量

醬料
3大匙的水
1大匙的醬油
20克的無鹽奶油
¼茶匙的粗黃砂糖

增添風味
帕瑪斯起司粉，依個人喜
　　好適量
海鹽片，依個人偏好適量
細香蔥段，點綴裝飾用

首先將烤爐預熱至180℃。

將橄欖油倒入有邊的烤盤裡，烤盤大小要適合容納所有馬鈴薯，能緊密排列而還留有一些空隙。然後將只裝有油的冷烤盤置入烤爐中層，加熱10分鐘。

將馬鈴薯放入有蓋的大深鍋，並加入冷水，水位要超過馬鈴薯2公分。然後加入一些鹽，煮沸後轉小火慢燉約8分鐘，或到馬鈴薯稍微軟化即可。記得不要將馬鈴薯煮得完全熟透。再來瀝乾並放置一旁待用。

小心從烤爐中取出熱烤盤，並加入馬鈴薯。

接著製作醬料。在炒鍋中混入水和醬油，開小火到邊緣開始冒泡。這時慢慢放入奶油使其融化，醬料會呈現牛奶糖的顏色。將烤好的馬鈴薯放入鍋中拌炒一兩分鐘，使其上色，再來關火並均勻拌入糖。

將其移置到盛盤上，撒上大量的帕馬森起司粉、少量的鹽片和細香蔥段。可以作為小吃熱騰騰地上桌，或是串烤的一部分，例如烤雞串（見132頁）或醬烤羊肉串（見128頁）。

韓式燉豆腐 Braised Tofu

外祖母特別擅長將碎豬肉以甜味調味並搭配豆腐。她會將豆腐炸成完美的金黃色，然後慢慢燉煮，並淋上具洋蔥味的醬油，直到豆腐片開始變得蓬鬆，而鍋中也不會剩有任何一滴燉汁。她是一位手藝精巧的廚師，以最純樸的方式製作小肉丸，動作卻也總是非常精確。她那雙年邁又布滿皺紋的手，能準確秤出東西的重量，而她的指尖也和雙眼搭配得十分優雅。我喜歡看著她做菜，尤其是欣賞她那老練的雙手。

我記得母親所煮的豆腐──相當簡單純樸，也加了一堆韓式辣椒片，所以會有更辛辣的風味；而醬汁也比外祖母做得還多。她會先將鹽漬過的大塊豆腐拿去煎，然後放在沸騰的醬湯中燉煮，並不時用她蒼白的手舀起醬汁倒在豆腐上，以保持其溼潤。母親煮的豆腐相當多汁，直接從鍋子裡吃最好。第一口咬下去，熱騰騰的湯汁會沿著下巴滴出，也會燙到忍不住在口中開始吹氣。反正沒關係，我喜歡吃熱騰騰的食物。

我做的韓式燉豆腐（*dubu jorim*）可能與外祖母和母親所做的滋味大不相同。關於這道料理的回憶是如此鮮明生動，味道卻又十分淡薄，導致難以重新複製。然而，就如韓國家常料理的傳統一樣，我希望能將這三個世代的母女──我們所擁有的回憶與元素──交織融合，並連結上下一代而傳承下去。

二至四人份

396克的板豆腐塊
海鹽粉，依個人偏好適量
1大匙的植物油
200毫升的基礎高湯（見219頁）、昆布蘑菇高湯（見220頁）或水

醬汁

2大匙的醬油
1大匙的味醂
1茶匙的韓式辣椒片
1茶匙的粗黃砂糖
1茶匙的烤芝麻油
½茶匙的烤白芝麻籽
¼茶匙的新鮮現磨黑芝麻
2顆蒜瓣，剁碎

首先用廚房紙巾將豆腐拍乾，並將其切成兩半，再均勻切成約2公分厚的片狀。接著將豆腐片放置在鋪有廚房紙巾的盤子上，使其吸收多餘水分。再撒上大量的鹽，並靜置10分鐘。

將醬料的食材都融合至碗中，並放置一旁待用。

接下來以廚房紙巾將鹽漬完的豆腐片拍乾。

在不沾鍋中加熱植物油，鍋子需夠大到足以容納豆腐。接著小心將豆腐片放入鍋中，以中火煎約5分鐘，直到兩面皆成金黃，而中途要翻面一次。

再將醬料舀在煎豆腐上，並小心將高湯或水沿著鍋邊倒入。以小火煨煮10至15分鐘。使豆腐軟化並吸收醬汁的風味。偶爾需要檢查一下，確保醬汁不會太快被吸乾，而若需要，可以再加一些高湯或水。記得也要不時舀起醬汁倒在豆腐上，以保持其溼潤。完成後，豆腐會呈蓬鬆飽滿的樣子，鍋中也還留有一些醬汁。這時就可以關火了。

最後搭配白飯熱騰騰地上桌，而冷食也是相當美味的。將剩餘的部分放入保鮮盒，可於冷藏中保存幾日。

Ferments + Pickles
發酵與醃製品

two

preserving season: a taste of home

醃製的時節：家的味道

孩提時，我時常躲在棉被裡，一邊讀著《咆哮山莊》，一邊夢想著來到英格蘭。想像那裡的荒野、颳著強風的青綠山丘，幻想那片不斷變化的天空，被灰濛的雲彩壟罩著。在這遙遠的海洋彼岸——我現在稱之為家的地方——人們將牛奶拌入紅茶，化做牛奶餅乾的顏色。我在這裡發現，人們週日都會烤雞，並在一旁附上肉汁；在酒吧裡，也可以單點一品脫的啤酒，不需搭配其他東西，而且從不會有人上前問候：「你好嗎？」沒錯，我的確說過這句話，就在新莫爾登（倫敦郊外）的一家當地酒吧裡。在反覆低聲練習十次之後，我羞怯地伸出手，和吧檯後的女士打招呼。我的臉頰因尷尬而羞得通紅，但同時感受到肚中有一股火升騰起來。我想變得更好。

我不在乎母親的泡菜滋味是否正在慢慢褪色，漸漸離我遠去。我不需要知道自己來自何方，只想融入此處的街道上——到處跑著紅色雙層巴士，以及一整排配有庭園的磚造矮房——這裡的每個角落滿是驚奇，彷彿置身於電影一般，人們說話的方式就像我曾逐字覆誦過的廣播歌曲，音調充滿著熱情。我所想望的，無非是能夠擁有他們的口音，並實踐自己的夢想，成為他們的

一員。

有很長一段時間，白米和泡菜消失在我的餐桌上，反而為了方便，我只吃麵包配奶油，迫切沉浸在英式生活中，希望自己能被這裡的文化所接受。很快地，深藏在心中的話語從我的舌根上消失，我故意將每個詞吞嚥下去，然後以不同的聲音反芻成自己迫切想說出的語言。

我確信著，當自己不再因生疏而掙扎時，就能感到有所成就。然而，我卻感到失落，彷彿心被掏空一般隱隱作痛，不知自己究竟是誰，深陷於這股身分危機之中。我以為自己會為這一刻的到來而感到自

豪，但我更渴望母語的滋味，並對自己無法以年輕時所會的詞語，將自身感受翻譯成流利的韓語，而感到羞愧。

我就此陷入永久的飢餓之中，且無法獲得緩解。連續三日買了泡麵，並無節制地吃著一大包泡菜，我凝視遠方，心中充滿難以言喻的感覺，除了生理上所感受到的鹹味——實在太鹹而不得不喝下大量的水，水量可能還跟我的眼淚相提並論。這些滋味無法帶來家鄉的感覺，使我感到厭倦，因此將剩下的泡菜倒進塑膠盒中，不情願地回來咀嚼塗抹了厚厚一層鹹奶油的麵包，並想著該從何處找回母語。

我用保鮮膜緊緊包裹塑膠盒，防止刺鼻的氣味流出，並塞進冰箱深處的角落裡，全然忘記他的存在——直到下一波的想望如月經般，猛烈地朝我襲來。有一天，我決定將那份遭到遺忘的泡菜做成母親的泡菜鍋，並加入鰻魚調味，因為酸泡菜在此毫無幫助。

曾經無味的酸白菜已經發酵完成，在風味和深度上大大改變，帶有獨特的刺激口感，慢火燉煮時更加美味；這揭示了他經得起時間考驗的堅韌性。其原有的辣味會變得柔和，而每個家中都會有不同的「手的滋味」來賦予泡菜獨特的味道。

連續好幾日，我都喝著那份泡菜湯，默默為自己失去的事物所傷感，也很高興終於能與記憶中的滋味重逢，再度回到母親的那座廚房。攪拌著湯，母親的聲音在我的腦海中輕聲細語；我也看見父親坐在那張低矮的餐桌前，用他一貫的方式大聲啜飲著又鹹又濃的肉湯——我們都曾一起圍坐在那裡。

那時，我便知道自己會找回遺忘已久的過去，就像幽靈試圖尋回曾經歸屬的家一樣。我會找到屬於自己的時節，去醃製蒜心和黃瓜；我會自己製作泡菜，足夠度過整個冬季；最終，我會找到專屬於自己的家的味道，將其刻印在指尖的肌肉中，並繼續傳承下去。

-

母親在每個時節的來去之際，都會依賴（並且相信）溫度的變化來加速或減慢味道形成的過程，藉以醃製各種食品。我記得她會在春天，將早熟的黃瓜放入熱騰騰的鹽水中醃製，保存在廚房的陰暗角落裡，而秋天則會將蘿蔔放到戶外去。她的醃黃瓜非常鹹，帶有濃烈的鹹香氣味，只要經過沖洗，再裹上辛辣的韓式辣椒片來調味，就會變得非常開胃。冬天時，則會用新鮮去殼的牡蠣和

鹽漬的蝦來製作泡菜；泡菜會保存在地下，使其慢慢發酵，直到來年春天才會拿出來。

在〈發酵與醃製品〉一章中的食譜，可以說是珍貴的家傳配方，經過了一代又一代的相傳。但我是在大約七年前，才開始真正開始嘗試自製泡菜和傳統醃製品的；那時的我正經歷著女兒出生後的身分認同危機。我需要如此的推動力來重新連結自己的韓國根源，探索和評估該如何養育具有雙重血統的孩子，使她能夠真正繼承兩國文化的根源——而食物正是我所能依靠的事物。

這裡所匯集的食譜都是來自我童年的記憶與觀察，經過了精心的轉化後，成為我所熟識的家鄉滋味。在韓國，人們相信每個家庭都有自己獨特的泡菜風味：泡菜正是家的味道。

Notes on Salting, Rinsing + Draining
關於鹽醃、沖洗與瀝乾的注意事項

鹽醃主要是去除蔬菜中的水分。只要失去水分，內部結構就會軟化（尤其是大白菜），使泡菜醬能更深地融入其中。在鹽醃過程中，所有不好的細菌都會被消滅，得以使食物能保存更長的時間。

在鹽醃後沖洗是很重要的，因為如此能有效控制鹹度，去除大白菜吸取的多餘鹽分，也能保持清潔。

瀝乾是常常受到忽視的一環，人們往往會略過這部分的過程，但他能有效排出蔬菜的多餘水分，以確保泡菜擁有良好的濃度與口感。將其置入大的濾盆中自然瀝乾，這過程需要充分的時間才能完成，不能刻意擠壓；施加壓力會破壞大白菜的結構，從而導致泡菜失去該有的口感，變得鬆軟、爛糊。

這些步驟都很簡單，但需要時間和耐心才能完成。

Notes on Kimchi Paste
關於泡菜醬的注意事項

對於是否需要使用醬糊或糖，有許多的主張。醬糊的主要目的是餵養有益細菌，以產生更多層次的風味、充實鮮味感。此外，醬糊也有助於控制最終完成泡菜時的整體密度。在泡菜中加入少量的糖是為了平衡風味；糖會被有益細菌消耗掉，並在發酵過程中分解。

提前製作泡菜醬，有益於促使原料混合並深化風味。他會散發出一種令人不快的氣味，韓國人常將韓式辣椒片與其聯繫在一起——這種氣味可以粗略翻譯為草味（帶有一種負面的意義）——放在冰箱冷藏後就會變得溫和，深紅色的韓式辣椒片也會膨脹，軟化其毛邊，使口感更加圓滑。

我喜歡以杵和研缽搗碎大蒜、薑和辣椒，以釋放出其中的油分，並同時用一小撮鹽作為磨料，好幫助分解辛香料的內肉。這個過程是我母親製作泡菜的特有方式，出於情感上的依戀，我想保留這部分的作法。不過，為了簡化食譜，我會假設讀者都有使用料理機。

泡菜的配料因地區而迥異。首爾產的泡菜通常不太辣也不鹹，但南部或沿海區域的泡菜醬可能就會加入醃製漁產，進而使風味各加豐富。鹹度會在發酵過程中稀釋很多，所以請在儲存之前先試一口泡菜的味道——我會比較希望當天的口味稍微鹹一點，而非比較均衡。

切塊白菜泡菜　Cut Cabbage Kimchi

在我二十幾年前初次來到倫敦時,泡菜不如現今一樣容易取得。我很驕傲,也很驚訝,能夠看到泡菜一罐一罐地出現在當地超市裡,並成為許多人都相當熟悉的食材。我們都學會了,如何將泡菜那大膽又奇特的風味融入西方料理中,且漸漸有很多人開始嘗試在家自製;令我感到驚嘆。

　　最經典的泡菜種類,大多是指大白菜所製成的泡菜。可以切成四等分,就像緊緊以襁褓包裹的嬰兒,讓菜葉保持在菜心上,再裝進罐子裡(*pogi kimchi*),或是簡單切成一口大小就好。一般而言,前者的發酵過程需要更久的時間,才能讓乳酸菌達到最佳數量,因此適合長期大批量保存。而乳酸菌在切塊的大白菜中生長較快,很快就能產生風味,所以小批量的製作較有效率。

　　家用冰箱的溫度會因為日常使用而容易有所波動,不穩定的溫度會影響大批量的保存,使其風味變差,所以我比較常製作小批量的切塊泡菜。另外,製作切塊泡菜不需要染紅的砧板,也不會弄髒手指!

　　製作過程確實需要一整天的時間,但很簡單,而且大多只要放著不動就好。請勿急於鹽醃、沖洗與瀝乾——我真心認為這三個步驟決定了最終的結果,所以請給予他應有的愛與尊重。

足以填滿2.5到3公升容器的分量

鹽醃
1.5公斤的大白菜
130克的粗海鹽
2公升的水

醬糊
180毫升的基礎高湯(見219頁)
1½ 大匙的糯米粉

泡菜醬
35克的蒜瓣,搗碎
30克的薑,粗略切碎
1根長形紅辣椒,大約20克,粗略切碎
2大匙的魚露(素食就改用醬油)
50克的韓式辣椒片
30克的德梅拉拉糖
1茶匙的蝦醬(素食就改大麥味噌)

泡菜
400克的大根蘿蔔,切成條絲狀
100克的紅蘿蔔,切成條絲狀
½ 顆洋蔥,切成薄片
4根蔥,切碎

首先除掉枯萎的綠色外葉,並將底部縱向切半,輕輕撕開葉子,使其自然分開。邊緣會看起來粗糙、參差不齊——這正是我們想要的。接著,再次以相同的方式切半,如此便會得到四分之一的大白菜。再來去除菜心,將大白菜切成偏大的一口大小;尤其是較軟的末端要大一些。將切好的大白菜放入大攪拌碗中,邊攪拌邊灑上鹽,直到所有鹽都用完為止。將水倒在大白菜上,輕輕按壓使其沒入水中,再蓋上蓋子,浸泡於鹽水中4小時。中途記得翻轉,以確保鹽分均勻分布。

與此同時,將高湯與糯米粉放入小鍋中,攪拌至光滑,再以小火煮,過程中不斷攪拌以確保麵粉不會結塊。幾分鐘後,會感覺到液體開始變黏稠,接著繼續煮並攪拌5分鐘左右,直到變得像流狀蛋奶凍一樣濃稠,顏色也從不透明的白色變得更透明一點。這時便可關火,放置一旁待完全冷卻。

用料理機將大蒜、薑、紅辣椒和魚露(或醬油)攪拌至光滑,以製作泡菜醬。

將泡菜醬移入有蓋的容器中,拌入韓式辣椒片、糖和蝦醬(或大麥味噌),以及冷卻的醬糊,充分混和後即可冷藏待用。

→

4小時後，將切條的蘿蔔和紅蘿蔔加入大白菜中，並完全浸入鹽水中，再泡個30分鐘。

現在大白菜應該已經軟化了，可以輕輕折彎而不會斷掉。接著瀝乾、以清水沖洗，再瀝乾，重複此過程兩次，以澈底清潔大白菜、蘿蔔和紅蘿蔔。讓蔬菜自然排出水分——可能需要1小時。切勿以手擠出水，這會損毀大白菜的結構，導致泡菜口味不良。

完全瀝乾後，放入大攪拌碗中，並加入洋蔥和泡菜醬。戴上手套，以手將所有食材攪拌混和，讓泡菜醬融入蔬菜中，再輕輕按壓，使其均勻覆蓋。混和均勻後，加入蔥攪拌。

將泡菜放入一兩個乾淨的罐子中——罐子不需要消毒，但要清潔乾淨且是乾燥的。緊實填充，但不要完全填滿到罐子口。

若還剩下一點醬料，就將約100毫升的水倒入空的攪拌碗中攪拌，然後倒在泡菜上。輕輕壓住頂部，確保泡菜浸沒在醬水中。

泡菜放入罐子後，便會開始發酵過程。將其放在室溫下，避免陽光直射，天氣涼爽的話放置兩天，天氣溫暖的話放置一日，然後再冷藏十日左右，讓他慢慢發酵。隨著泡菜逐漸成熟，其豐富風味也會跟著發展出來，並在時間的推移下大幅度變化。泡菜的風味是否偏好成熟又或較不熟，皆因人而異。我喜歡發酵大約三週後的風味，此時嘗起來溫和而酸味開始顯現，但你也可能更喜歡比較新鮮，或是更陳年的味道，所以請在不同階段都品嘗看看，以找出自己最喜歡的口味。

泡菜可以在4℃的冰箱中保存長達三個月，而不會太過影響品質，但前提是每次都要用乾淨的器具取出泡菜，並將剩餘的部分放回恆溫4℃的冰箱中冷藏。

蘿蔔塊泡菜 Cubed Daikon Radish Kimchi

據說這道料理之所以被稱為 *kkakdugi*，是源自於形容蘿蔔被切成方塊的方式。我喜歡這道菜名被大聲說出來的聲音，對我來說，這名字聽起來有尖角，感覺就像正方形，非常適合描述這道菜餚。

在韓國，秋季是蘿蔔的最佳季節，因為他們比夏季品種更甜、更脆，非常適合快速批量製作蘿蔔泡菜，好彌補人們等待冬季白菜的盛產，並舉行 *gimjang*（越冬泡菜）儀式的間隙。

蘿蔔經歷緩慢的發酵過程後，其切塊的方角會稍微變軟；蘿蔔的辣味也會變得柔和，使其甜味的特點成為主角。隨著時間推移，新鮮口味會逐漸變成濃郁的風味，而泡菜則會帶有一股清爽、充滿活力的濃烈味道，格外適合搭配濃郁、乳白的大骨湯（像是牛尾湯）。發酵成熟的蘿蔔塊泡菜也很適合製作泡菜炒飯。

如果沒有大根蘿蔔，也可以使用其他當季的品種。東京大頭菜特別美味，可以加入他略帶苦澀口感的葉子，或者也能用球莖甘藍做出差不多的結果。只要記得調整鹽醃的時間，就可以確保口味不會太鹹或太淡。

首先將蘿蔔去皮、去頭與去尾，切成2公分厚的圓片，再將每個圓片切成2公分的方塊。放進大攪拌碗中，邊按壓邊加入鹽和糖，使其均勻覆蓋。將水倒在蘿蔔塊上，輕輕按下以淹沒，然後蓋上蓋子浸泡1小時，中途翻動以確保鹽分均勻。

與此同時，將高湯和糯米粉倒入小鍋中，攪拌至光滑，再以小火慢慢烹煮，不斷攪拌以確保麵粉不會結塊。幾分鐘後，會開始感覺液體變得黏稠，再繼續煮並攪拌5分鐘左右，直至其呈現流狀蛋奶凍般的濃稠度，且顏色變得比不透明的白色還要更透明一點。關火，並放置一旁待完全冷卻。

用料理機將大蒜、薑、紅辣椒和醬油攪拌至光滑，以製作泡菜醬。將其移入有蓋的容器中，拌入韓式辣椒片、糖、大麥味噌，以及冷卻的醬糊，充分混和後冷藏1小時待用。

小心將蘿蔔中的鹽水瀝乾（無需沖洗），再放進大攪拌碗中。接著加入泡菜醬，並戴上手套按壓蘿蔔，讓深紅的韓式辣椒片滲入白蘿蔔塊的內肉中。混和均勻後，嘗一口檢查調味，並以細鹽調整口味。這時應該就會注意到鹹味，因為蘿蔔在發酵過程中會釋放出更多水分；大約1茶匙就足夠了。

→

足以填滿1.5公升容器的分量

鹽醃
1至1.2公斤的大根蘿蔔

2大匙的粗海鹽

2大匙的粗黃砂糖

500毫升的水

醬糊
180毫升的基礎高湯（見219頁）

1½ 大匙的糯米粉

泡菜醬
35克的蒜瓣，搗碎

30克的薑，粗略切碎

1根長形紅辣椒，大約20克，粗略切碎

2大匙的醬油

50克的韓式辣椒片

30克的德梅拉拉糖

1茶匙的大麥味噌

增添風味
1茶匙的細海鹽

4根蔥，切碎

100毫升的水

如果對調味感到滿意，就可以將蔥拌入，把所有食材都攪拌一起。

將泡菜放入乾淨的罐子中（或兩個小罐子）──罐子不需要消毒，但要清潔乾淨且是乾燥的。緊實填充，但不要完全填滿到罐子口。若還剩下一點醬料，就將剩餘的水倒入空的攪拌碗中攪拌，刮去沖洗後，倒在泡菜上。輕輕壓住頂部，確保蘿蔔塊之間的空氣都被排除，且所有食材都浸沒在醬水中。

蘿蔔泡菜可以立即食用，但我覺得讓時間沉澱後，風味會更美好，很值得等待他發酵成熟。只要放入罐子中，就會開始發酵過程了。

天氣涼爽的話放置在室溫下三日，並避免陽光直射；天氣溫暖的話就放置一到二日，然後再冷藏十日左右，以促使發酵。在適當的時候，會注意到罐子裡開始形成活躍的氣泡，這通常都是個好兆頭。接著將其放入冷藏，慢慢進行約兩週的發酵過程，也記得不時品嘗，看看哪個階段最符合自己的口味。

只要每次都以乾淨器具取出泡菜，並將剩餘的部分放回恆溫的環境，就可以在4℃的冰箱中保存長達三個月。

白泡菜 White Kimchi

父親偶爾會帶我們去金浦機場附近，一家名為Nak Won Garden的燒烤店，我是在那裡初次嘗到白泡菜的。開車穿過喧囂城市中的一道大門，周圍神奇地化成一片修剪整齊的綠地和樹林，另一扇門很快出現在眼前，前方通向傳統風格的房屋，上面蓋有彎曲的石板屋頂和裝飾性窗框。這裡是適合帶重要賓客來享用特別餐點的地方，可以在高檔的木質觀景亭下做桌邊燒烤，或是在私人包廂裡享用一整套傳統餐點。

白泡菜的味道細膩而精緻，酸甜完美平衡，還帶有近乎花香的辛辣味。他獨有的清新味具有淨化的口感，其白淨的莖部和檸檬黃、帶褶邊的末端是如此優雅地盤旋在一起。對我來說，白泡菜一直都給人一種低調的精緻感，尤其是因為我將這道菜與高檔餐廳聯繫在一起。

其帶果香、又酸又甜的風味特別適合搭配醬燒的烤肉料理，例如LA牛小排（見126頁）或烤肉餅（見131頁）。更傳統的作法會再加上魚露和鹽漬的蝦；我的食譜只會以鹽調味，因為我認為慢慢熬煮的乾海帶已經添增了豐富的鮮味，但調味還是依照個人口味嘗試即可。隨著泡菜在冷藏中慢慢發酵成熟，鹹味會變淡，所以請確保調味時，有品嘗到足夠的鹹味。

首先除掉枯萎的綠色外葉，並將底部縱向切半，輕輕撕開葉子，使其自然分開。邊緣會看起來粗糙、參差不齊──這正是我們想要的。接著，再次以相同方式切半，如此便會得到四分之一的大白菜。稍微修剪底部，確保菜葉仍然附著在菜心上。再來將大白菜逐個移入大攪拌碗中，在葉子之間的頂部撒上鹽，直到所有鹽都用完為止。將水倒在大白菜上，輕輕按壓使其沒入水中，再蓋上蓋子，浸泡於鹽水中5小時。中途記得翻轉，以確保鹽分均勻分布。

與此同時，將高湯與糯米粉放入小鍋中，攪拌至光滑，再以小火煮，過程中不斷攪拌以確保麵粉不會結塊。幾分鐘後，會感覺到液體開始變黏稠，再繼續煮並攪拌個3至5分鐘左右，直到變得像流狀蛋奶凍一樣濃稠，顏色也從不透明的白色變得更透明一點。這時便可關火，放置一旁待完全冷卻。

用料理機將洋蔥、亞洲梨、大蒜和薑攪拌至光滑，以製作泡菜汁。將完全冷卻的高湯倒入大攪拌碗中，於碗上放置細篩網，並在篩網上鋪平紋細布或薄紗棉布，再小心將製作泡菜汁的攪拌物倒入蓋布的篩網中。

$\rightarrow$

足以填滿2公升容器的分量

鹽醃
1公斤的大白菜
130克的粗海鹽
2公升的水

醬糊
180毫升的基礎高湯（見219頁）
1½ 大匙的糯米粉

泡菜汁
½ 顆洋蔥，粗略切碎
½ 顆亞洲梨，去皮、去心，粗略切碎
20克的蒜瓣，搗碎
15克的薑，粗略切碎
400毫升的基礎高湯（見219頁）
30克的粗白砂糖
1大匙的細海鹽

泡菜料
150克的大根蘿蔔，切成條絲狀
4根蔥，切成4公分的長條狀
2根長形紅辣椒，去籽，切成條絲狀

從頂部緊緊固定住布，然後開始擰乾，將攪拌物中的液體擠出到高湯中。請盡量用力擠壓，以提取更多的液體。完成後，將剩餘固體攪拌物丟棄。加入醬糊並攪拌混和，再加入糖和鹽來調味，之後就可以冷藏待用了。

5小時後，檢查大白菜是否足夠軟化，可以輕輕折彎而不會斷掉。若沒有，就放在鹽水中繼續等待軟化。準備好後，瀝乾、以清水沖洗，然後再瀝乾，重複此過程兩次，以澈底清潔大白菜。將大白菜敞開的一面朝下，如此水就會自然排出──過程可能需要一兩個小時。切勿以手擠出水，這會損毀大白菜的結構，導致泡菜口味不良。

同時間，將泡菜料的食材都拌入寬而淺的有邊圓盤或碗中。

大白菜完全瀝乾後，在葉子之間鋪上少量的泡菜料，然後轉到罐子中──罐子不需要消毒，但要清潔乾淨且是乾燥的。緊實填充，但不要完全填滿到罐子口。

接下來，將泡菜汁倒入，並輕輕按壓頂部，以確保泡菜浸沒在汁水中。大白菜可能會浮起來，這時就在上方再壓下一個盤子即可。

只要放入罐子中，泡菜就會開始發酵過程。放置於室溫下，並避免陽光直射，天氣涼爽的話三日，天氣溫暖的話則一日，然後再放入冰箱至少幾天。泡菜會隨著發酵成熟而變換風味，所以記得品嘗不同的階段，以找出最符合自己的口味。

上桌時，將大白菜從罐中取出，並去除菜心。可以整個都保留，也可以將單片葉子包肉來吃（見124頁），或是把大白菜切成一口大小來享用。

白泡菜可以在4℃的冰箱中保存長達幾個月，而不會太過影響品質，但前提是每次都要用乾淨的器具取出泡菜，並將剩餘的部分放回恆溫環境中冷藏。

水泡菜 Water Kimchi

冰涼的水泡菜嘗起來非常清爽，具有微微鹹味與充滿活力的發酵風味。我記得父親時常一碗接一碗地吃，非常讚揚他清新的味道，以及來自水果與糖的微妙甜味。當時，我並未想太多，只能品嘗到淡淡的鹹味和酸味，就將之歸類為平淡無奇的料理，無法欣賞他的細膩之美。

　　*Nabak*這個古老的名字，描述蔬菜被切成薄方塊的方式。據說，這道菜源初只以蘿蔔作為主要蔬菜。這道菜餚在春天較受歡迎，人們在冬天會選擇*dongchimi*（僅用蘿蔔製成的水泡菜）。在更典型的作法中，韓式辣椒片會透出薄紗棉布，滲進水中使其染紅。然而，我更偏好新鮮紅辣椒所帶來的清爽口味，而甜菜根則帶來甜美的洋紅色水，令人味蕾振奮不已。

　　請嘗試看看其他的蔬菜——我總共使用了600克的時令蔬菜。大白菜和清脆的早餐蘿蔔（breakfast radishes）都是不錯的選擇；紅蘿蔔可以添增可口的甜味；味道濃郁的蘋果，以及苦澀的義大利大頭菜葉，也是很好的食材。只須記得鹽醃蔬菜，然後再加上水果（不須加鹽），準備完成後即可冷食。

首先準備蔬菜，將甜菜根去皮、去頭、去尾，然後切成兩半（很大的話就切成四分）並切成五毫米厚的片狀。再來將蘿蔔去皮、去頭、去尾，切成4公分的圓片，然後將每個圓片切成2.5公分寬的根狀，再切成5毫米的分塊。將甜菜根和蘿蔔放入用於保存泡菜的大罐子中——罐子不需要消毒，但要清潔乾淨且是乾燥的。以鹽按壓，使其均勻分布，並蓋上蓋子靜置30分鐘。

用料理機將蘋果、紅辣椒、大蒜和薑攪拌至光滑，以製作泡菜汁。將水倒入大攪拌碗中，於碗上放置細篩網，並在篩網上鋪平紋細布或薄紗棉布，再小心將製作泡菜汁的攪拌物倒入蓋布的篩網中。緊緊固定住布，以便將攪拌物中的液體擠入水中。請盡量用力擠壓，以提取更多液體。完成後，將剩餘的固體攪拌物丟棄，再加入糖和鹽來調味，並確保調味足以嘗到淡淡鹹味。

30分鐘後，甜菜根和蘿蔔會因鹽醃而變得柔軟。將紅辣椒和蔥灑在上面，然後倒入泡菜汁，以淹沒所有食材。

只要放入罐子中，泡菜就會開始發酵過程。放置於室溫下，避免陽光直射，天氣涼爽的話放置三到四日，天氣溫暖的話則二日，然後再放入冰箱至少幾天。泡菜會隨著發酵成熟而變換風味，所以記得品嘗不同的階段，以找出最符合自己的口味。水泡菜能在4℃的冰箱中保存約6週，而不會太過影響品質，但前提是每次都要用乾淨的器具取出泡菜，並將剩餘的部分放回恆溫環境中冷藏。

足以填滿2公升容器的分量

鹽醃
250克的甜菜根
350克的大根蘿蔔
1大匙的粗海鹽

泡菜汁
½ 顆蘋果，去皮、去心，粗略切碎
20克的紅辣椒，粗略切碎
2顆蒜瓣，剁碎
1公升的水
1大匙的粗白砂糖
1大匙的細海鹽

增添風味
½ 根紅辣椒，去籽並切成細條狀
2根蔥，切成5公分的長條狀

蘋果高麗菜泡菜
White Cabbage ＋ Apple Kimchi

在泡菜中加入高麗菜和蘋果，可能對某些人說來說有點奇怪，但若想像一下更常見的開胃涼拌——清脆的高麗菜絲配上酸甜多汁的蘋果，或許就會覺得這道菜開始比較吸引人了。

　　高麗菜需要經過兩道精心的處理步驟：首先鹽醃一段短暫的時間，然後以手輕輕按壓，促使纖維軟化，使其充分吸收風味。他保留了清新的口感，風味比德式酸菜還要更有活力，偶爾也帶有蘋果令人愉悅的甜味層次感——我可以像吃沙拉一樣，單獨吃完一整罐蘋果高麗菜泡菜。隨著時間推移，味道會逐漸深化，發展出清爽的濃郁風味，但整體口味在經過幾週的發酵後，還是會比較溫和。如果讀者是第一次嘗試泡菜，我認為這會是很好的入門選擇；用現成的食材也很容易製作。

　　秋天是格外美好的季節，因為當季的高麗菜香甜多汁，蘋果也相當盛產。記得不要添加太多魚露，他會影響蘋果的新鮮風味。這種泡菜也不宜長期保存，所以請在六週內享用完。

足以填滿1.5公升容器的分量

鹽醃
½ 顆高麗菜，大約500克
1½ 大匙的粗海鹽
500毫升的水

泡菜醬
25克的蒜瓣，剁碎
2茶匙粗略切片的薑
2茶匙的魚露
3大匙的韓式辣椒片
2茶匙的德梅拉拉糖

泡菜
2顆蘋果，保留外皮（我偏好富士蘋果、金冠蘋果和秋蜜蘋果）
½ 顆洋蔥，切成薄片
2根蔥，切碎
100毫升的水

首先除掉枯萎的外葉，並縱向切半，成為兩塊高麗菜。再來去除菜心，切成一塊大小，然後將切好的高麗菜放入大攪拌碗中。將鹽溶入水中，倒在高麗菜上，再用力按下以完全浸沒高麗菜。蓋上蓋子，放入鹽水浸泡1小時，中途翻動以確保鹽分均勻。

用料理機將大蒜、薑、魚露攪拌至光滑，以製作泡菜醬。轉移到有蓋的容器內，拌入韓式辣椒片和糖，充分混和後冷藏待用。

同時間，將蘋果切成四等分，並去掉果核。接著再將每一份蘋果再切成大塊狀——如果切得太小，會在發酵過程中變得爛糊。完成後擱置一旁。

1小時後，高麗菜應該已軟化。小心瀝乾鹽水（無須沖洗），再轉入大攪拌碗中。

加入泡菜醬，並戴上手套處理高麗菜，以手用力按壓以促使高麗菜軟化。高麗菜在發酵過程中不會釋放大量水分，而這部分確實有助於創造出良好口感和多汁的泡菜口味。混和均勻後，加入蘋果、洋蔥和蔥，並將所有食材都攪拌在一起。

將泡菜放入乾淨的罐子中（或兩個小罐子）——罐子不需要消毒，但要清潔乾淨且是乾燥的。緊實填充，但不要完全填滿到罐子口。將剩餘的水倒入空的攪拌碗中攪拌，刮去沖洗後，倒在泡菜上。輕輕壓住頂部，確保泡菜有完全浸泡。

放置於室溫下一日，並避免陽光直射，然後再冷藏，慢慢發酵十日左右。儘管一開始味道還沒很成熟，但立即食用也很好吃。高麗菜和蘋果的風味會隨著發酵而變化，兩週後就會形成更美好的味道。

醃黃瓜 Pickled Cucumber

Oiji

在傳統的作法中，醃黃瓜的酸味來自鹽水發酵：這過程漫長，需要將放有鹽水的大桶在特定時間倒出，重新煮沸後又再次倒入，好保持濃縮的鹽濃度，以確保良好的口感與更常的保存期限。如此作法，醃黃瓜會非常清脆，但由於鹽濃度較高，所以需要在完成後以淡水浸泡來去除鹹味。醃黃瓜可以作為許多不同料理的食材，或是配菜。

近年來，一種簡易的無水醃製法越來越流行，比起傳統作法更簡單、方便。由醋、糖和鹽水所混和成的簡單組合，能夠促使黃瓜失去水分，其體積因此變小，內肉和外皮變得皺皺的。僅僅三日，水分充沛的清爽黃瓜會變得帶有完全不同的脆口咬勁，通常在韓文中會被稱為 *kkodeul kkodeul*。

這道食譜沒有指定所需的容器大小，取決於你採用的黃瓜大小。大小不重要，但請使用扁平容器而非罐子，如此才能夠將黃瓜平放，以確保其受到均勻覆蓋。

首先將黃瓜去頭去尾（視個人喜好），保持整根完整。將其整齊平放在大小剛好的容器或可密封的塑膠袋中。

在上面撒上糖和鹽，再倒入醋和清酒。蓋上蓋子，在室溫下放置三日，並避免陽光直射，每日都要轉動以確保黃瓜均勻浸入鹽水中。

黃瓜會在醃製過程中自然釋放出大量水分，體積會因此縮小，外觀會越來越黃。如果一開始是存放在密封塑膠袋裡的，三日後就要轉移到另一個合適容器中（包含所有液體），然後再存放於冷藏。只要完全冷卻就可以開始食用，但我認為一週後的風味會更好。十天後就將鹽水丟棄──醃黃瓜可以保存一個月左右。

大約600克的分量

500克的柯比黃瓜（短而凹凸不平的黃瓜通常會作為醃用黃瓜出售）
75克的粗黃砂糖
15克的粗海鹽
75毫升的蘋果醋
2大匙的清酒

Oiji Muchim

辣拌醃黃瓜 Spicy Pickled Cucumber Salad

四人份

300克的醃黃瓜（見87頁），
　切成圓片
1大匙的韓式辣椒片
1茶匙的粗黃砂糖
2茶匙的烤芝麻油
1茶匙的烤白芝麻籽
2顆蒜瓣，剁碎
1根蔥，切成薄片

我認為醃黃瓜皺褶的內肉與外皮能提供完美的底子，讓辛辣的調味料滲透到凹凸不平的表面，深入每個角落與縫隙中。他突出的鹹酸風味，和充滿果香的韓式辣椒片與鹹香的芝麻油搭配得完美，使其成為米飯的美味配菜，令人垂涎三尺。

將所有食材拌入大攪拌碗中，並以手好好攪拌，用力按壓以使調味均勻。完成後即可上桌，也可以放入冷藏待之後享受。這道菜能夠在冰箱中保存最多五日。

右圖即辣拌醃黃瓜。

Yangpa Jangajji

醬醃洋蔥 Soy Sauce Pickled Onions

這道食譜的洋蔥可以使用任何種類，沒有特定要哪一個品種。洋蔥經過稍微的醃製後，其強烈的辛辣味就會變得柔和；我也覺得這道菜特別清爽。他與大多數的料理都搭配得很好，每一口都會帶來清新口感。這道食譜中的其中一環承襲自古老的作法——將洋蔥放入熱鹽水中保存——能有效保持其爽脆的口感。

注意，傳統作法會在第三日左右，重新將醬油鹽水煮沸，以保持濃縮的鹽濃度。據說，這有助於延長蔬菜的保存期限。重新煮沸的鹽水要在完全冷卻後，才能倒在蔬菜上。然而，我大多數時後會跳過這個過程，因為泡菜要在相對較短的一兩個月食用完畢。於綠豆煎餅（見42頁）一旁放上大量醃汁，讓每一口能浸泡在濃烈的蘸醬中，以中和其豐富的味道；總之，他們會是絕好的組合。

**足以填滿350毫升容器
的分量**

320克的洋蔥，切成一口大
　小的片狀
½ 顆未打蠟的檸檬，切成
　薄片
125毫升的水
125毫升的醬油
50克的粗黃砂糖
50毫升的蘋果醋

首先，將切片的洋蔥和檸檬放入消毒過的耐熱罐或容器中。

將水、醬油和糖放入小鍋中，攪拌混和、以小火慢煮，以溶解糖。接著，拌入醋，並關火倒在洋蔥和檸檬上。輕輕按壓，將他們浸入鹽水中，保持蓋子微開，使其稍微冷卻後，再關上蓋子。

讓醃洋蔥在室溫下放置一日，並避免陽光直射，然後再轉移到冷藏中儲存。大約從第三日起就可以開始食用，風味會隨著時間推移而改變，所以請在不同階段都品嘗看看，好平衡自己的喜好。

粉色醃蘿蔔 Beetroot-Stained Pickled Radish

外祖母曾在當地市場和朋友合開過一家老式的韓式炸雞店。那裡沒有固定菜單，只販售整隻炸雞，配上一包鹽調味，以及一大袋她在家精心準備的甜醃蘿蔔。儘管她總是慷慨地向好奇的孫兒，解釋著自己品嘗醃汁時，正在其中尋找著什麼，但我仍懷疑，她不想讓人知道那些又甜又脆的醃蘿蔔的背後，藏有什麼樣的祕密。她的蘿蔔酸得恰到好處，口感十分脆口，在平衡的鹽水中醃製成熟，甜味與酸味也在此完美交織著。當他遇上炸雞油膩的外皮時，能讓整體口味變得更加美味。

只需要幾片甜菜根薄片，就能夠使蘿蔔染上絢麗的洋紅色調。但當然，如此的量不足以調味，但足以使你微笑。

切蘿蔔的方式，可以將同一道食譜變成不同的醃製品。將蘿蔔切成薄片，可以製成稱之為*ssam mu*的韓式烤肉配料，以用來包裹烤肉。將蘿蔔切成細條狀，則可以用來裝飾粉色冰湯蕎麥麵（見184頁）與辣拌冷麵（見188頁）。

最後加入醋，以避免沸騰，如此美味的酸味才不會在高溫中流失。使用過的醃汁可以再煮沸一次，只要加入微量的調味料，就能醃製其他蔬菜。也可以與少許的醬油混和，重新用作蘸醬。

足以填滿1公升容器的分量

500克的大根蘿蔔
5片未打蠟的檸檬薄片
3片生甜菜根薄片
200毫升的水
100克的粗白砂糖
1茶匙的海鹽片
100毫升的蘋果醋

首先將蘿蔔去皮、去頭、去尾，切成2公分厚的圓片，再將每個圓片切成2公分的方塊。將蘿蔔放入消毒過的耐熱罐或容器中，並把檸檬片和甜菜根片放入蘿蔔塊之間。

將水、糖和鹽放入小鍋中攪拌，以小火燉煮，直到糖完全溶解──大約4分鐘。接著，拌入醋加熱1分鐘，使鹽水變熱但不沸騰。

然後關火，倒在蘿蔔上，輕輕按下以使其浸入鹽水中。將蓋子微開，稍微冷卻後再蓋上。

讓醃蘿蔔在室溫下放置兩日，並避免陽光直射，然後再放入冷藏儲存。完全冷卻後，醃蘿蔔即可食用。這道菜可以在冰箱中存放兩週。

八角醃大黃 Anise Pickled Rhubarb

帶有酸味的大黃搭配上甜橙（sweet oranges）與八角，會散發出花香一般的甜味。大黃的酸味會在醃製後會變得柔和，味道嘗起來充滿活力、令人愉悅。他吃起來就像未成熟的李子（是褒義的），且帶有清脆的口感。我特別喜歡將他與烤鹽漬鯖魚（見152頁）一起搭配享用。

足以填滿700毫升容器的分量

400克的大黃
200毫升的水
100克的粗白砂糖
1茶匙的海鹽片
2條新鮮的橙皮
2個八角
100毫升的蘋果

首先準備大黃，將大黃莖切成5公分的長狀形，然後將每個長狀塊切成兩半，再切成細條狀。完成後，將去皮的大黃放入消毒過的耐熱罐或容器中。

將水、糖和鹽拌入小鍋中，然後加入橙皮與八角，並以小火慢煮約4分鐘，直至糖完全溶解。接著，拌入醋加熱1分鐘，使鹽水變熱但不沸騰。

關火，並倒在大黃上，輕輕按下以浸入鹽水中。將蓋子保持微開，稍微冷卻後再蓋上蓋子。

將醃大黃放置於室溫下一日，並避免陽光直射，再放入冷藏中儲存。兩日後即可食用，且能夠在冰箱中保存兩週。

Soups + Stews
湯品與燉菜

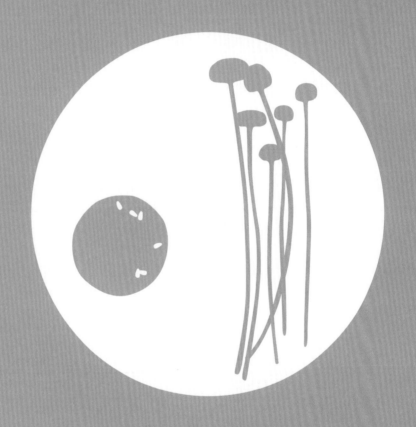

three

to scoop ＋ slurp, while steaming hot

一匙入口，熱氣騰騰

我獨自坐在燈光柔和的朝北廚房裡，湯鍋輕輕燉煮的聲音伴隨在一旁，令人感到安心。頭頂上的天空蔚藍，空氣中帶有一絲明顯的寒意，告示著冬季即將來臨——畢竟，倫敦已經邁入了十一月的時節。沸騰冒泡的湯鍋嗡嗡作響，聽起來像是雨滴輕打在地面上。熱湯在鍋中慢慢燉煮，香氣瀰漫整座廚房，窗戶則蒸氣朦朧；這裡的一切，如此舒適。小氣泡不時從鍋中升起，是掌握正確的火侯溫度，所需要的明確指標。我對自己唯一的要求，就是偶爾要撈去從湯面浮出並聚集在鍋邊的浮渣——且要有耐心。

我仍記得過去所住過的房子，那時自己還跟我女兒一樣幼小。前門一敞開，就會進入一座小巧的老式廚房，光禿的牆壁裸露出水泥，狹小的窗戶直直面對外頭的街道。母親的廚房昏暗，只靠一顆小燈泡照明，打開電源時，微光會像一隻翩翩起舞的蝴蝶般閃爍著。她隨著閃爍不定的燈光跳著華爾滋舞，在鍋碗瓢盆之間旋轉、扭動手腳，忙碌而優雅。在冬日溫煦的陽光下，塵灰飛揚其中，我看見她在簡陋的廚房裡，精心準備著大骨與牛肚。接下來的數日，整間屋子都會散發著燉骨的香氣，我們不斷享用著那乳白色的大骨湯，直到最後一根骨頭被澈底吸乾，使我們從內而外都得到滋養。

在這座小廚房中，配備著不太實用的煤爐和劣質的舊油爐，但母親卻能作出數道不同的料理。她的泡菜鍋鹹味較重，與刺鼻的濃烈辛辣味互相平衡，質樸的泡菜鍋（kimchi jjigae，見115頁）便是一例。生日當天的早餐，她會煮生日湯（海帶湯，見102頁），在其他重要的場合，她會以最軟嫩的牛肉作出醬燒排骨。北方風味的大豆泥燉菜也時常出現在餐桌上，我們會搭配熟透的泡菜一起享用，泡菜會在豬油中軟化

得甘美可口，散發出微妙的堅果香與奶油味，但口感帶有明確的顆粒，使我不怎麼喜歡。這曾經是窮人才會食用的料理，現已成為時下最受歡迎的菜餚，每個人都希望能嘗上一口，維持身體健康。

在溫暖的春日到來前，母親會製作深紅色的韓式辣醬，以囤滿食品櫃。每次也總會將洗米後留下的澱粉水，拿來製作大醬湯（見116頁）。母親的食物帶有她成長的鄉村所保留的迷人特色，且點綴著父親來自北方的靈魂，以及他在首爾貧民區長大的背景經驗。正是在那間屋子裡，我第一次出於好奇而執起菜刀，並愛上廚房所獨有的魔法——父母的愛在那裡，藉由食物的語言傾訴了千言萬語。

我從未向母親請教過熬湯的要領，但我漸漸發現，在母親和外祖母的廚房所度過的時光，帶給了我許多珍貴的經驗，不僅能記住某些菜餚的製作方法，也是為了回憶起這些過往光陰時，所能細細品味與珍惜的感覺。

我將鍋邊的浮渣一一去除，此時鍋內聞起來就像春雨後的海洋，母親無言的愛撫慰了我，也滋養了我的骨頭。這使我不禁思忖，我的女兒是否有一日也會在熱湯悠悠的燉煮聲之中，憶回童年的溫柔昔日，想起我就在她的身邊。

-

湯品與燉菜是韓國料理中不可或缺的部分。韓國人會在夏季享受熱氣騰騰的肉湯，好降低體溫，而在冬季則是為了取暖；我們為此而聞名。*Si-won hada*和*gaeun-hada*這兩個詞都有「涼爽；清新」的意思，用來描述經由身體所感受的味覺感受（並非舌根），且不論菜餚的實際溫度是如何。湯品與燉菜的風味經常受到討論與追求，這類的料理與季節、心情、天氣或甚至場合，都有密切的關係，容易受到他們的影響。

我確實認為，製作韓國料理需要觀察環境、食材與身體之間的和諧。其中的信念就是「食物即藥物」；因此，只有吃得好，生活才會過得好。

Notes on Types of Korean Soups + Stews
關於湯品與燉菜種類的注意事項

依據不同的烹飪方法，以及液體與固體成份的比例，韓式的湯品與燉菜可以大致分類為五種。

Guk + Tang

這兩類的湯品質地稀薄——通常以清淡調味的液體為主，占菜餚的70％，並且含有少量的蔬菜、肉類或魚。

Jjigae

基本上就是燉菜，通常放在餐桌中央共享。在我成長時期的韓國，餐桌上的共享菜餚，許多人的湯勺會進進出出，這是很常見的習俗，也被認為是促進人際關係互動的好方法。

Jjim

一種燉煮或蒸煮的菜餚，根據使用的食材，可以不含液體，也可以只含有少量液體。

Jeongol

一種混和各種肉類或魚類與蔬菜的料理，會將其放入裝有調味料與高湯的淺砂鍋中烹煮。與火鍋沒有什麼區別，通常都是在餐桌上用便攜帶式瓦斯爐煮的。

Notes on Keeping Things Do-able
關於保持事情可行的注意事項

在韓國，湯品與燉菜通常會作為一餐的一部分，搭配米飯和幾道飯饌小菜一起享用。一般來說，菜餚的種類樣式並不多，但都會經過深思熟慮的安排，依照風味與時令食材來平衡整個飯桌。在冰箱中儲備預先準備的幾道飯饌，顯然會讓生活更輕鬆一些。

我還發現，簡單一碗湯或燉菜再搭配上白飯，就已足夠美味，也更加符合日常的現實，尤其是被工作占據時間和心思的平日。如果喜歡，也可以把所有東西都放到一個碗中享用，變成一頓舒適的「電視機前」晚餐。

像是蛋花湯（見100頁）或海帶湯（見102頁）的菜餚，製作速度相當快，很適合做成一頓豐盛的早餐。而大醬湯（見116頁）、泡菜鍋（見115頁）和蛤蜊嫩豆腐鍋（見118頁）這種豐盛的燉菜，是韓國家庭中常見的平日主食，能夠有效利用冰箱裡的任何食材。可以輕鬆採用現有的食材取代肉類或魚類——韓國的家常料理就是如此注重資源又變化多端！我試圖以最清晰方式引導讀者，希望你能夠有信心地更換食譜上的肉類或蔬菜，以更加符合在地性、冰箱庫存與自己的偏好口味，使其成為每週烹飪食譜的一部分。

三伏天雞湯（見111頁）和馬鈴薯辣燉雞（見110頁）相當簡單，但無論如何，都能在任何場合成為主角。像是韓式辣味牛肉湯（見105頁）和牛尾湯（見107頁）等菜餚，可能因為製程相當耗時，而看似是一項艱難的任務，但大部分時間都不需要介入。這兩道料理的分量都很多，所以非常適合在週末或安靜的下雨天做好烹飪的分批準備（*batch cooking*）。

蛋花湯 Egg Drop Soup

蛋花湯充分展現了韓國家常料理的節儉與適應性。基本上，只需要高湯和蛋，以及櫥櫃中的調味料，就能製作。但若冰箱或櫥櫃中，還有充足的食材能運用，也不妨加上一些蔬菜。搭配一碗熱騰騰的白飯，就可以作為一頓撫慰人心的早餐，又或是倒在一碗麵上，就能毫不費吹灰之力，享用豐盛的一餐。

　　僅需幾片洋蔥，就能夠為湯底提供甘甜味與清脆口感。加入攪拌蛋之前，應該先把蔬菜放進湯中，確保有煮熟。因此，將食材都切成小尺寸，有助於快速煮熟。有些人喜歡以辣椒裝飾，但我更喜歡薑所帶來的溫暖。如果想嘗試改變風味，醬油可以用等量的韓式大醬取代，甚至味噌也可以。

一至二人份

蛋
2顆蛋
2茶匙的味醂
½ 茶匙的海鹽片
¼ 茶匙的白胡椒粉

高湯
550毫升的高湯（自由選擇，
　　見219至221頁）
1大匙的湯醬油或生抽醬油
1大匙的味醂
20克的洋蔥，切成薄片

增添風味
少量的薑，切成細條狀
1根蔥，切段
少許的烤芝麻油

首先，將蛋打入碗或有倒嘴的容器，加入味醂、鹽和白胡椒以調味，再攪拌均勻。

將選擇的高湯放入燉鍋中，以中火慢燉，加入醬油和味醂調味。然後放入切好的洋蔥，煮約一兩分鐘，讓洋蔥稍微軟化，但仍保有清脆口感。試一口嘗味，再依個人偏好適當地加鹽。

將燉鍋保持高溫，但略低於沸點。一手拿著打散的蛋，靠近燉鍋；一手拿著筷子或湯匙攪拌，輕輕製造出漩渦，以打圈的方式穩穩倒入蛋。完全倒入蛋後，停止攪拌，不要接觸燉鍋。讓燉鍋回到高溫燉煮的狀態，直到蛋浮出表面，就能關火。

最後，將湯舀入碗中，撒上一些薑片和蔥，以及幾滴烤芝麻油，即可上桌。

淡菜海帶湯──生日湯
Seaweed Soup with Mussels – or Birthday Soup

樸素的海帶湯象徵生命的誕生。富含礦物質和維生素的海帶,在傳統上是給予產後母親的營養補品,人們相信他有利於增加母乳的分泌,也具有治癒的作用。在更傳統的作法中,會在其中加入乾淡菜(mussels),並作為產後的第一頓餐,而非提供更常見的肉湯,以避免宰殺牲畜,尊重新生命的到來。

將海帶燉煮在味道鮮美的熱湯中,有慶祝母親辛勞的涵義。喝海帶湯是一種象徵儀式,雖然微小,但人們會帶著感恩的心來紀念這一天。韓國的母親們很樂意以這道湯作為生日當天的早餐,並祝福孩子健康長壽;這也是韓國獨有的方式──不以任何言語來表達母愛。

這道湯中所使用的韓國海帶稱為*miyeok*,與日式料理中常見的裙帶菜和褐藻,非常相似。在更常見的作法中,會以牛腩熬成的牛肉湯作為湯底。然而,當季的淡菜肉質鮮美、價格非常實惠、製作快速且方便,也會帶來甘甜的海洋風味,很適合搭配具有自然鹹味的海帶。

在製作過程上,我選擇單獨熬製淡菜高湯,並將淡菜的肉保留至稍後再添回湯中。如此一來,便可以在不影響淡菜口感的情況下,熬煮足夠長的時間,以提升高湯的風味。但當然,也可以不將淡菜的肉取出殼外,以保留完整,然後再依照食譜繼續進行。

四人份

20克的*海帶*(*miyeok*)
500克的淡菜,擦洗並去除毛
1公升剛煮沸的水
1大匙的烤芝麻油
1大匙的植物油
3顆蒜瓣,剁碎
1大匙的湯醬油或生抽醬油
海鹽片,依照個人偏好適量

首先將*海帶*(*miyeok*)放入大量冷水中浸泡20分鐘。海帶在吸收水分後,會開始軟化與展開。要確保碗的容量足夠大,才裝得下再度水化的海帶。

將所有打開的淡菜都丟棄,然後把剩餘的放入有蓋且厚底的大鍋中,並加入剛剛煮沸的熱水。將其再度煮沸,再慢慢燉煮10分鐘,或直到淡菜開殼為止,而其他沒有開殼的淡菜都丟棄。接著,準備一個耐熱碗或罐子,以細篩網過濾高湯;高湯會呈現半透明的乳白色。將高湯保留,並將淡菜從殼中取出,放置一旁。如果選擇將肉保持完整在殼中,就簡單放在一旁即可。

將海帶瀝乾,並擠出多餘水分。如果海帶是切過的,放置一旁;若未切過,則大致切碎。

將有蓋且厚底的燉鍋中放上小火,然後加入食譜上的兩種油與海帶,炒約5分鐘,不時攪拌。海帶的顏色會逐漸變深,這時加入大蒜炒至軟化,並足以聞到香氣四溢。

再來,將保留的淡菜高湯倒入鍋中,添加醬油,煮到沸騰後再慢慢燉煮30分鐘。之後加入擱置的淡菜內肉,以小火加熱5分鐘,即可關火。試一口嘗味,若有必要就加少許鹽。最後將湯分成四碗,搭配上白飯即可上桌。

韓式辣味牛肉湯 Spicy Pulled Beef Soup

Yukgaejang

製作韓式辣味牛肉湯，首先得將牛肉以慢火燉煮在芬芳的湯底中，以得到高湯的基礎。接著將煮熟的肉切成片狀，連同燙青菜一起醃製在辛辣的調味料中，而其中通常包括乾燥蕨菜、芋莖、番薯莖、豆芽和／或韓國蔥。這道料理特別受益於其耗時的製作過程，這種傳統的作法特別強調分開處理各種食材。然而作為回報，他也確保了各種味道和口感能夠和諧地融合在一起，而不失各自獨有的特色風味。

　　韓國料理通常不太以地域性特色聞名，但只要在韓國旅行，就會發現每道菜的製作方式與調味平衡都會因地區而迥異，因為當地人更傾向採用道地的食材。在首爾，牛肉更常與骨頭一起烹煮，使湯頭更濃郁、肉質更鮮美。正統首爾牛肉湯的蔬菜通常只選用韓國蔥，以提供天然的甘味與潔淨的風味深度。韓國蔥被稱為 *daepa*，比西方蔥還要大得多，可能看起來很像韭蔥，但味道截然不同：白色部分嘗起來很像洋蔥、味道芬芳，綠色部分則更濃烈一些。在這道食譜中，我選擇混和韭蔥和蔥，以公平呈現風味，並取得蔥味之間的良好平衡。

　　請別因為這道料理耗時，而感到喪志、退縮。一旦掌握了流程的竅門，以及克服比較麻煩的部分，就會發現這道菜其實很容易製作。

首先以廚房紙巾將牛肉拍乾，除去殘留的血汁。將牛肉切成6公分長的塊狀，並確保紋理沿著縱向均勻分布。將牛肉放入大鍋中，加入大根蘿蔔、韭蔥、洋蔥、乾海帶和黑胡椒粒。再倒入水，然後煮沸。水達到沸點時，浮渣會升到表面，先將其去除，其餘會在燉煮過程中自行化掉。此時，立刻調低火侯，保持慢慢燉煮，小氣泡會不時升起。鍋蓋保持微開，並煮約2.5小時，或是直到牛肉變軟為止，但切記1小時到了就要取出乾海帶。

肉質不需要過嫩，但要嫩到能以徒手撕成大塊狀。將肉從鍋中取出，放置一旁冷卻。待牛肉湯稍微冷卻後，小心將其通過濾網倒入耐熱罐，或直接倒入待會兒會用來煮湯的厚底鍋。將1.2公升的湯取出並儲存起來 —— 我是在將湯倒入過濾網的時候量的。將剩下的湯頭留存下次使用，固體的殘留物則丟棄即可。

與此同時，將一鍋鹽水煮沸，並將韭菜燙煮到變深色、老化，再用冷水沖洗，瀝乾後放置一旁。接著，換豆芽放入鹽水中燙個3分鐘，使其變得鬆軟，再以冷水沖洗，瀝乾後用力擠出水分，放置一旁。

→

六人份

250克的韭蔥，只使用白色部分，切半後再切成5公分的長條狀
300克的豆芽
6根蔥，切成5公分的長條狀
海鹽片，依照個人偏好適量

湯頭

450克的牛肉（牛後腰脊翼板肉和小腿肉，或是牛腩肉混和）
200克的大根蘿蔔，切成大塊狀
1根韭蔥，橫切成兩半
½ 顆洋蔥，帶著洋蔥皮洗淨
5片5x7.5公分的乾海帶
1大匙的黑胡椒粒
2.5公升的水

調味料

3大匙的植物油
4大匙磨粉的韓式辣椒片
2大匙的味醂
2大匙的醬油
2大匙的湯醬油或生抽醬油
1大匙的烤芝麻油
2大匙的魚露
½ 茶匙的新鮮研磨黑胡椒
30克的蒜瓣，剁碎

將植物油與韓式辣椒片放入小冷鍋中，並以小火輕輕加熱。隨著溫度升高，韓式辣椒片會開始展開，記得要不斷攪拌，以防止辣椒片燒焦。辣椒片會開始膨脹，變得更像油性的醬糊，且散發出香氣，瀰漫周圍的空氣──這總共會花上大約4分鐘的時間。接著即可關火，轉移到耐熱的大攪拌碗中，加入味醂、醬油、烤芝麻油、魚露、胡椒粉和大蒜，充分攪拌後放置一旁待用。

當肉已經冷卻到能夠處理時，用兩個叉子或以手將其縱向撕成大塊狀。接著把肉和燙過的韭菜與豆芽放入攪拌碗，戴上手套攪拌，輕輕按壓、捏壓所有食材──我認為，手指的溫度與手部的輕壓，確實有助於菜肉之間和諧地融合在一起。

將調味過的牛肉與蔬菜，以及1.2公升的牛肉湯放入有蓋且厚底的大鍋中。開大火，蓋上鍋蓋將其煮沸，然後再立即將火侯調小，在鍋蓋微開的狀態下燉煮約35分鐘。試一口嘗味，若有必要就加鹽（大約½茶匙）。你會想要品嘗到那輕輕刺痛喉嚨深處的灼熱感，以及來自韭菜的柔和甘甜。最後加入蔥，然後再燉煮10分鐘即可。

完成後，將湯分入碗中，並即刻配上白飯享用。

牛尾湯 Oxtail Soup

讀者可能有聽過一種名為*seolleongtang*的料理，更常被稱為韓式乳白牛骨湯。而*Gomtang*並沒有什麼不同，只差別在他使用大量像是牛腩、牛肋骨和牛尾的肉來調味，而不僅僅只用大骨熬湯，因此會比前者來得清澈。儘管如此，兩者現在的差異通常很小，因為只是用更多肉或骨頭來調味而已。

　　僅使用牛尾，很難作出濃郁的乳白色肉湯，所以我會添加牛骨來解決這個問題，盡可能將湯煮得濃稠，以產生隱約帶有堅果味的湯底風味。這道料理中的牛尾肉質應該要很鮮嫩，但卻保留良好的彈性與膠狀般的嚼勁，而這樣的口感會被稱為*jjolgithada*，是一種韓國人用來描述食物珍貴口感的用語。

　　傳統上，這道菜常會搭配上蘿蔔塊泡菜（見79頁）。發酵良好的泡菜擁有宜人的酸味，與清淨的肉湯一同享用，可算是相得益彰。此處的肉蘸醬帶有適量的酸度，即便沒有蘿蔔泡菜，也能與牛尾湯完美搭配。

　　製作牛尾湯的過程並不太困難，但確實有點耗時，至少得提前一日著手開始，能夠提前兩日最好。

首先將牛骨（不是牛尾）放入大碗裡，並完全浸泡在充足的冷水中2小時，第一個小時後要更換水。你在過程中會注意到，牛骨於水中漸漸滲出血，而韓國人認為，肉骨中的血會使菜餚染上不宜人的味道，所以排出血液是確保湯汁純淨的重要步驟。2小時後，再以冷水澈底沖洗牛骨，然後瀝乾。

以廚房紙巾拍乾牛尾片，並去除殘留的血汁（若有）。將牛尾片和牛骨放入大湯鍋中，倒入冷水，不蓋鍋蓋，並快速煮沸，大約10至12分鐘後，表面就會升起泡沫狀的棕色浮渣。關火，小心倒出水，再以冷水沖洗牛尾和牛骨，確保他們皆乾淨且並未沾有浮渣。瀝乾後，以剪刀修去牛尾肉上的多餘脂肪，然後放置一旁待用。

將大湯鍋澈底洗淨，再將牛尾和牛骨放回湯鍋中，然後加入3公升的水淹沒所有食材。不蓋鍋蓋煮沸，撈去浮渣，接著再以中低火燉煮4小時，並讓鍋蓋保持微開。記得偶爾查看，去除漂浮的脂肪，然後加入煮沸過的水，以確保食材都有被淹沒。過程中，應該能夠聽到湯鍋的燉煮聲，也可以看見氣泡偶爾升起。火侯不應太過猛烈，這會使牛骨過度翻騰，但也不該太微弱，以至於見不到氣泡浮出。

4小時後，牛尾的肉會開始從骨頭上脫落。

→

四人份

湯頭
1公斤的混合的牛骨與牛骨髓
1公斤的牛尾

肉蘸醬
2大匙的魚露
2大匙的米醋
2大匙的水
1茶匙的粗黃砂糖
1茶匙的韓式辣椒片
1茶匙的烤芝麻油
1根蔥，切碎
1顆蒜瓣，剁得細碎
¼ 顆小紅洋蔥，切成薄片，
　　並浸泡冷水10分鐘

增添風味
海鹽片，依照個人偏好適量
3根蔥，只使用白色部分，
　　切段
2顆蒜瓣，剁碎
新鮮研磨黑胡椒，依照個人
　　偏好適量

湯品

取出牛尾，冷卻後放入冰箱待用。接著繼續熬煮剩下的混合骨頭2小時。完成後關火，以濾網取出鍋中剩餘的骨頭——若想熬煮第二次，請保留這些骨頭（見注意事項），如果不想（也完全可以），就將骨頭丟棄。

讓湯冷卻，小心將其倒入耐熱容器中（應該要有1公升），再放入冰箱以完全冷卻，且最好要冷藏一晚。隔天早上，湯就會凝固了，這時請撈去所有漂浮的脂肪。

將大骨湯和保留的牛尾片混合入厚底的鍋中（如果決定煮第二次，就使用兩批大骨湯），並慢慢燉煮20分鐘。

同時間，將製作蘸醬的所有食材混合入碗中，並放置一旁待用。

（如果使用兩批大骨湯，現在就將一半的湯舀入耐熱容器中，並存放冷藏以備下次使用。）在上桌前，嘗一口湯並以鹽調味。將牛尾片分裝在四個碗中，然後將湯澆在肉上，再放上大量的蔥段和少許蒜末。將蘸醬和黑胡椒放在一旁，並搭配白飯或細麵一同趁熱享用。

Notes on second boil
關於熬煮第二次的注意事項

你可以自己決定是否要繼續燉煮混合的骨頭（不含牛尾）。在韓國，通常會將這些骨頭燉煮三次，且人們認為，第二批的湯頭會更鮮美。我偶爾會在第二日熬煮骨頭第二次，將骨頭浸入約4公升的水中，重複燉煮過程4小時。在第二次熬煮完成後，將骨頭丟棄，待冷卻後存放於冷藏，隔日再去除凝固的脂肪。

馬鈴薯辣燉雞　Spicy Chicken　+　Potato Stew

這道韓式燉雞是我五千英里之外的童年家鄉，以及在倫敦的家的縮影，每當需要熟悉的溫暖來慰藉我時，就會開始著手製作這道料理。如果你和我一樣，都覺得辣椒所帶來溫暖，是緩解壓力的最佳方案，那麼這道菜絕對適合你。

其辛辣風味分別來自韓式辣醬和韓式辣椒片，前者提供了具有鹹甜韻味的濃郁鮮辣味，後者則帶來了具果香的辣椒風味。這道料理雖然聽起來很辣，但既不是那種讓人大吃一驚的灼辣，也不是使舌頭麻木的麻辣，反而帶有一種美妙的甜味，只要對辣椒有一定的耐力，就能很愉快地享受這道菜。每個品牌的辣度都不同，尤其是韓式辣醬，請特別注意。

將紅蘿蔔和馬鈴薯切成大塊狀，好讓他們保持形狀，而不會在燉煮的過程中化掉。蓬鬆的馬鈴薯一入嘴，就會柔軟的奶油般融化，且使肉汁變得更濃稠。馬鈴薯的嫩度非常驚艷與美味，配上醬汁和白飯，可說是絕配。若有「韓國咖哩」這樣的東西存在，便會是這道菜了。

四人份（大份）

雞肉

2大匙的韓式辣椒片
2大匙的魚露
2大匙的味醂
1大匙的烤芝麻油
1½ 大匙的韓式辣醬
2茶匙的粗黃砂糖
4顆蒜瓣，剁碎
2茶匙的薑，切成細條狀
½ 茶匙的新鮮研磨黑胡椒
8隻雞腿，帶骨去皮

醬汁

1大匙的植物油
2茶匙的辣椒碎
½ 顆大的，或是1顆小的洋蔥，切片
800公升剛煮沸的水
2根紅蘿蔔，切成大塊
4顆小馬鈴薯，切成大塊
2茶匙的魚露
海鹽片，依照個人偏好適量

增添風味

1根蔥，斜切成薄片
烤白芝麻籽

首先將韓式辣椒片、醬油、味醂、芝麻油、韓式辣醬、糖、大蒜、薑和黑胡椒混合在大攪拌碗中，然後加入雞腿澈底按壓，使雞肉沾滿醬汁，並擱置一旁待用。

將植物油和辣椒碎放入有蓋且厚底的大鍋中，以中火輕輕加熱。幾分鐘後，辣椒片的紅色素會滲入油中，將其染成一片紅棕色。這時加入洋蔥，輕炒幾分鐘直到洋蔥燒微軟化，且邊緣開始變色。偶爾要記得攪拌一下。

將雞肉放入鍋中，大概攪拌混合後，小心倒入剛煮沸的水。可以用少量的水沖洗攪拌碗，以刮除剩餘的醬汁。然後調大火量，使鍋中開始冒泡，再將火轉小，煮約15分鐘。

加入紅蘿蔔和馬鈴薯塊，再蓋上鍋蓋，微開小縫，繼續燉煮35分鐘。

此時，雞肉應該已煮得軟嫩，幾乎可以從骨頭上滑下來。加入魚露，並依個人偏好的口味加鹽調整口味。醬汁應嘗起來辛辣，但帶有一點微甜，以及深厚的鮮鹹味。有些人可能更喜歡吃甜一點，所以可以多加一些糖。

將燉雞放裝入四個碗中，每碗放入一兩隻雞腿。又或將這道菜當作飯桌的主菜，讓每個人自取分量。最後，在上面撒上蔥和少許芝麻籽，並與白飯一起享用。

湯品

三伏天雞湯 Chicken Soup for the Dog Days

Dak Baeksuk

不知道你是怎麼想的，但雞湯對我而言，感覺就像一種世界的通用語言，能夠帶來家一般的撫慰，以溫暖的光芒滋養靈魂，令人感到愉悅、幸福。

　　燉雞湯是與韓國「三伏」（*sambok*）文化相關的料理，人們會在一年中最熱的時節（通常是七月到八月），慶祝夏季三項重要的活動。「起伏」（*chobok*）表示夏季的前十日，其次的「中伏」（*jungbok*）是中間最炎熱的二十日，再來的「末伏」（*malbok*）即夏季最後的十日。人們相信，在三伏期間，人體運作會因氣溫升高而受損，導致消化功能減弱、失去能量與疲勞。這時，人們常會食用熱湯，以恢復體內的溫暖能量，好幫助恢復體內平衡。對許多人來說，雞湯一直以來都是如此節日的首選，而這一點也不奇怪。

　　*Baeksuk*會採用成熟的雞來為湯頭添增風味，也不會加鹽調味。在更典型的作法中，不會加入人蔘，或其他藥用的草本食材（這些通常都是另一種常見的雞湯才用的，即蔘雞湯）。這道菜常會搭配上濃稠的粥（綠豆粥，見176頁），且粥就是以雞湯煮成的。然而，我有時還是比較喜歡搭配白飯來享用雞湯，並將作成粥的樂趣保留到隔日的早餐。

　　請將整隻雞放在餐桌中央，並沾上鹽，以讓全家人共同享用。這道料理與切塊白菜泡菜（見75頁）和蘿蔔塊泡菜（見79頁）搭配得相當好。

首先將洋蔥、大蒜、韭菜和薑放入有蓋的大湯鍋中，然後加水，煮沸後再慢慢燉煮20分鐘。以細篩網小心舀出蔬菜，並丟棄。

將雞肉上多餘的脂肪和雞屁股去掉，以胸部朝下的方式放入鍋中；可能會需要多加熱水，以完全淹沒雞肉。煮沸後，以中火燉煮10分鐘，並保持鍋蓋微開。再來轉小火量、蓋上鍋蓋，以小火維持慢燉35至40分鐘，直至煮熟──即骨肉分離。如果雞肉還需要繼續煮，就煮到熟即可。

準備好後關火，將雞肉靜置於湯中10分鐘，即可上桌。

在燉煮雞肉的同時，以杵和研缽將大蒜和鹽搗成糊狀，以製作蘸醬。加入芝麻油和黑胡椒，攪拌均勻後放置一旁待用。

將整隻雞放入有邊的大盤子中，其深度要足夠容納部分湯頭，如此一來，每個人都能夠自取分量。在上面撒上芝麻籽，並於一旁放上蔥和大蒜作為裝飾，以供個人調味。附上肉蘸醬和一小碗海鹽片，一同上桌。

下頁圖即三伏天雞湯。

四人份

1顆洋蔥，帶皮切半
1整顆大蒜，去皮
1根韭菜，切半
2茶匙的薑，切成厚片
3公升的水
1隻大隻的雞，大約重1.5
　公斤

肉蘸醬
1顆蒜瓣，剁碎成末
2茶匙的海鹽片
2大匙的烤芝麻油
½ 茶匙的新鮮現磨黑胡椒

增添風味
1茶匙的烤芝麻籽，稍微磨碎
3根蔥，切成細片
2顆蒜瓣，剁碎成末
海鹽片，依照個人偏好適量

燉菜

泡菜鍋 Kimchi Stew with Pork Belly

Kimchi Jjigae

陳年泡菜的酸度往往太高，無法直接生吃，但因其酸度夠高，也能夠有效去除五花肉的油膩感，而備受喜愛。其濃烈又刺激的風味，能與五花肉的濃郁口味相互輝映，形成和諧的組合。老泡菜的口感單調，但在少許油中輕炒，並加上糖來平衡酸味，就會變得相當美味。不要將其炒得太焦，因為韓式辣椒片燒焦會變得很苦澀，將泡菜炒至軟化即可。

我不會費心去除掉豬皮，因為自己並不介意其膠狀的口感，若你在意，也可以除掉。對於是否在肉放入泡菜之前先將其煎熟，有著許多不同的意見，而我個人認為，只要簡單拌入肉，與炒泡菜混合，就能使肉質更溼潤、嫩滑。

泡菜鍋不該嘗起來單調乏味；反之，他應該要充滿活力且濃郁，能使人垂涎欲滴，一勺接著一勺地欲罷不能。這道菜的最終調味，很大程度上取決於使用的泡菜，其品質和熟度都會影響到風味。試著在最後加入少許醋，為泡菜鍋增添一抹令人振奮的酸味。

首先將植物油與芝麻油加入有蓋且厚底的大鍋中加熱，再放入洋蔥以中火炒約幾分鐘，使其軟化並稍微變色，接著將火量調小，加入泡菜、大蒜、糖與韓式辣椒片，輕煮10分鐘，並時常攪拌一下。香味會開始四溢，泡菜也會顯得軟化、顏色變深。

拌入五花肉和味醂，倒入水，接著加入韓式大醬、韓式辣醬和蝦醬。調大火力至沸騰，一旦開始冒泡，便將火侯調小，並蓋上鍋蓋，慢慢燉煮40分鐘。

此時，豬肉應該相當柔嫩，湯汁也非常濃郁、富含油脂。試一口嘗味，有需要就加一小撮鹽調味。接下來，蓋上鍋蓋煮10分鐘，直到豆腐軟化並吸收了味道。在熄火前，品嘗一口，有需要的話可以拌入醋調味。

將泡菜鍋分入四個深碗，並在上面撒上蔥與碎芝麻，然後即刻與白飯一同熱騰騰上桌享用。

四人份

1大匙的植物油
1大匙的烤芝麻油
½ 顆洋蔥，切成薄片
350克的陳年泡菜，粗略切碎
3顆蒜瓣，剁碎
1茶匙的粗黃砂糖
1½ 大匙的韓式辣椒片
300克的豬五花，切成一口大
　　小的方塊狀（可以去皮）
1大匙的味醂
1公升的水
2茶匙的韓式大醬
1茶匙的韓式辣醬
1茶匙的蝦醬
250克的板豆腐，切成方塊狀
海鹽片，依照個人偏好適量
1大匙的糙米醋

裝飾
2根蔥，切成細段
½ 茶匙的烤白芝麻籽，稍
　　微磨碎

大醬湯 Everyday *Doenjang* Stew

富有濃郁鮮味的韓式大醬，賦予這道菜大地的風味，各種蔬菜的碎末則帶來溫和的甘甜底味。這是一道謙遜、樸實的菜餚，完美體現了韓國家常料理的節儉本質。

各個季節在此輪轉流暢──夏季鮮嫩的櫛瓜和尚未成熟的青辣椒成為主角；櫛瓜軟化得剛好，為料理添增精緻的甜味與輕淡味，而辛辣的青辣椒則帶來相對新鮮的口感。秋季的口味溫暖；加入大量樸實土味的蘑菇或甜美的南瓜，為料理更添豐富層次，尤其配上肉類更是完美（依個人需求）。我特別喜愛搭配薄切的牛排，在加入湯中前，可以稍微以芝麻油煎煮，或是在最後加入具甜鹹口味的蛤蜊，添上海洋般的鮮味。步入漫長而寒冷的冬季時，我們則會依賴盛產的根莖蔬菜，直至春季的溫暖輕輕破土而出，帶來野生的苦味蔬菜和辛辣的葉菜，好振奮我們昏昏欲睡的味蕾。

先煮洋蔥和馬鈴薯，能為湯頭帶來淡淡甜味；馬鈴薯中的澱粉也有助於使燉湯稍微變稠。之後再加入櫛瓜和蘑菇，因為他們不太需要煮太久。如果讀者用不同的蔬菜來料理，請牢記這一點，並相應調整烹飪的順序。

四人份

½ 顆洋蔥，切丁
150克的馬鈴薯，切成一口大小的塊狀
900公升的高湯（自由選擇，見219至221頁）
3顆蒜瓣，剁碎
3大匙的韓式大醬
2茶匙的韓式辣醬
1茶匙的韓式辣椒片
200克的櫛瓜，切成四塊，然後再切成一口大小的塊狀
200克的豆腐，切成一口大小的方塊狀
75克的蘑菇（鴻喜菇、金針菇或香菇）
海鹽片，依照個人偏好適量
2根青辣椒，切片
2根蔥，切片

首先將洋蔥和馬鈴薯放入有帶且厚底的鍋中，保持鍋蓋微開，並慢慢燉煮，再來以小火煮10分鐘，直至洋蔥軟化，馬鈴薯則幾乎熟透。

加入大蒜，拌入韓式大醬、韓式辣醬和韓式辣椒片，然後再放入櫛瓜和豆腐。如果蘑菇會煮超過幾分鐘，請現在就加入。金針菇可以最後再添加，因為只要一兩分鐘就會熟了。

將火量轉至中火，湯會開始冒泡。燉煮約15分鐘，或直到豆腐吸取了味道且櫛瓜軟化為止。試一口嘗味，有需要就以少許鹽調味。再來加入青辣椒和大部分的蔥，煮約2分鐘。

完成後，將燉湯分入四個碗中，上面撒上留下來的蔥，並搭配白飯一同熱騰騰上桌。

蛤蜊嫩豆腐鍋　Soft Tofu Stew with Clams

當自己還懷著女兒時，我有一次搭上了一班深夜列車，從首爾一路前往正東津——那是一座安靜的海濱小鎮，以其令人驚嘆的日出而聞名。火車上擁擠不堪，偶爾充斥著年輕人興奮的喧鬧。由於無法坐直著入睡，只好把頭靠在丈夫的肩膀上，眼神空洞地望向黑暗之中，希望精神能藉此得到庇護。我懷孕的身體因為時差而感到不適，無法好好休息，但迫切地渴望看見太陽從海上升起，彷彿這承諾著未來將會是一片美好和光明，能夠讓即將身為人母的我不再擔憂而充滿希望。波濤洶湧的大海總使我感到慰藉。來自大海的疾風強勁，一陣一陣地往臉上拍打，如此的不適感讓我清醒，並更加適應周圍的環境。對我來說，感到恐懼就是活著的證明，而大海的深邃，也總使我對生命充滿感激。

我曾到訪過此地，當年還只是年輕又天真的少女，孤身一人尋求著答案。一座古雅的車站就坐落在松樹環繞的沙灘與海洋之後，月台更能直接俯瞰著大海。我站在人群中，看見金色的太陽從地平線上緩緩升起，將天際渲染成一片火紅的琥珀色。此等美麗令人屏息，我因骨頭深處的寒意升起而發顫，身體的每一處則因敬畏之心而融化。這為我帶來了希望——無論是當年那位少女，又或是現在懷有身孕的我，內心深處都烙印著此刻的感動。

我就是在這裡吃早餐時，嘗到這道嫩豆腐鍋。之前已經吃過了數回，但在此處——以東海的海水所製成的嫩豆腐而聞名之地，味道有所不同。嫩豆腐在陶製燉鍋中冒著熱氣，小心將其放在木托盤上。將未煮熟的蛋放打在鍋子的中央。深紅色的湯像極了日出，令人印象深刻。我等不及便嘗了第一口，幾乎快將嘴巴給燙傷，而僅管如此，我仍毫不在乎，繼續貪心地吞嚥著那柔軟又綿密的豆腐。他嘗起來的味道不是很明顯，只略帶些微的堅果味，而其無味的特色卻是鍋中的一大亮點，能夠為這鍋湯燒燙與灼辣的口感帶來舒緩。我打入未煮熟的蛋黃，以緩和辣椒帶來的辣味。金色的液體滲入湯中，在鹹味的蛤蜊中變得無比甘美與細膩，如此地沉浸在辛辣豬油中，讓人陶醉。湯頭的味道非常濃郁而柔滑，溫暖而撫慰人心，對我來說，這道菜仍然像是對美好事物的承諾，帶來希望。

兩人份

1大匙的辣椒醬（gochu giruem）

1大匙的植物油

100克的剁碎豬肉

1大匙的烤芝麻油

½ 顆洋蔥，切成薄片

3顆蒜瓣，剁碎

½ 茶匙的薑末

1½ 大匙的韓式辣椒片

1大匙的味醂

400公升的高湯（自由選擇，見219至221頁）

1大匙又1茶匙的湯醬油或生抽醬油

1大匙的魚露

¼ 茶匙的白胡椒粉

120克的櫛瓜，切成四塊再切片

200克的蛤蜊，洗淨

1 x 300克的嫩豆腐塊

40克的金針菇

½ 茶匙的海鹽片，或依照個人偏好適量即可

增添風味

2顆蛋，整顆或是只有蛋黃

1根手指青辣椒，切碎

1根蔥，切成細段

首先在厚底鍋中加熱辣椒油和植物油，然後加入豬肉，以中火煎至深金黃色，並不時大力攪拌。這大約會花上3分鐘，隨後會開始發出爆裂聲，且鍋底會有一點著火。

這時立刻調低火量，將芝麻油、洋蔥、大蒜和薑一起加入鍋中，並也加上些許鹽。輕輕煎炒，時而攪拌，直至洋蔥稍微軟化並散發香氣。再來加入韓式辣椒片，不斷攪拌1分鐘，並防止其燒焦。洋蔥和油會慢慢染上紅色。

添入味醂，並倒入高湯，再拌入醬油、魚露和白胡椒。櫛瓜、蛤蜊和嫩豆腐也一同下鍋，並以勺子將豆腐粗略切碎，再調高火量至煮沸。鍋中開始快速冒泡時，就將火侯調至中火，並煮約10分鐘左右，直到櫛瓜軟化、蛤蜊煮熟。將所有未開殼的蛤蜊丟棄，然後以鹽調整口味。撒上金針菇，再輕輕打入蛋（若有使用）。接下來撒上切碎的青辣椒，蓋上鍋蓋，讓蛋蒸煮一兩分鐘。

完成後，將嫩豆腐鍋裝入兩個碗中，並小心將每顆蛋舀入。或者也可以放在餐桌中央，讓全家人共同享用：直接從鍋中取用。最後，撒上蔥，並搭配白飯一同熱騰騰上桌。

Meat

肉類

four

the poor in me wants to gorge on the meat

內在按耐不住的飢渴，需要食肉來止餓

我們外出吃晚餐時，總會選擇同一家小餐廳。那家餐廳遠離大路，藏身於當地市場的安靜角落裡，對當地人來說算是眾所周知，而外地人則一向都不知道這個祕密，只有味覺敏銳的人才會前來品嘗其著名的 *dwaeji galbi*（醬燒豬排）。

這常常使我思索著，父親是如何找到這些地方的。他總知道可以在哪裡吃到最美味的食物；那些地方都是以特定菜餚而聞名的，通常都非常隱蔽，且不太引人注目，大多數人走過都不會多看一眼。

小餐廳裡總是擠滿饕客，甘甜的醬汁滴落在灼燙的木炭上，使其發出紅褐與琥珀色的光芒，充滿香氣的濃霧因此瀰漫於此處。煙霧刺痛了雙眼，蒙蔽了感官，也纏住頭髮，沾染在嘴唇上。

我們坐在敞開的窗戶旁。大叔們的耳後夾著香菸，忙著點火和清理燒烤架。街上的霓虹燈如螢火蟲般，閃爍著火光。檸檬汽水發出嘶嘶聲地起著泡沫，氣味相當刺鼻。冷冽而清新的空氣掠過我快樂的臉龐，竄進充斥煙霧與雜聲的餐廳裡。人們如流水般行動，充滿活力的氣息。那些被稱作阿姨的女士們忙著到處服務，客人揮手並用一聲充滿喜悅的 *Yeogiyo* 呼喚，好吸引她們的注意。阿姨們在餐桌間移動，並拉下天花板上的抽煙機，將之放置在靠近烤架的地方，以吸走煙霧。我帶著敬畏觀賞她們以夾子和剪刀，熟練地翻轉和切割肉塊，彷彿那些工具就是自己身體的一部分。

肉嘗起來帶有鹹甜的滋味，有著焦糖般的香氣。烤肉略微烤焦的末端帶有濃郁的黑糖香味，我將之沾上富含鹹鮮味的包飯醬（*ssamjang*），並放上紅斑點綴的綠葉，同時仔細掃視餐桌，找尋著蘿蔔泡菜，以疊放於上平衡辣椒的辛辣口感。我還記得那時候的感受——內在按耐不住的飢渴，需要食肉來止餓；冰涼又爽脆、辛辣又甘甜，全都化

作一口，一次享盡。我迫切想要一口嘗到所有味道，但菜包肉總是遠遠大過於我的嘴巴，使汁水都沿著下巴流淌出來，手上也沾滿了黏糊糊的醬汁。我高興地舔得一乾二淨，同時注視著帶有薄荷味的紫蘇葉（perilla leaves）與點綴著辣椒粉的新鮮蔥沙拉，貪婪地計畫下一口該何去何從。

父親點了足夠兩家人吃的肉，並啜飲著冰涼的蘿蔔水泡菜（dongchimi）湯汁，然後把多肉的排骨推到烤架外，留著稍後享用。如冰沙般的蘿蔔水泡菜嘗起來比母親做的更甜，且發酵得微微冒泡。我們之中無人動他，只有父親會喝完一整罐足足兩次，並大聲說出：Ah, siwonhada!——及韓語表達「清爽」的意思——這是一種藉由身體所體驗到的味覺，而非舌頭。

「內在按耐不住的飢渴，需要食肉來止餓」這句話，是我對父親的看法。他出生於貧困的家庭，是四個手足中最年長的。從小就飽受飢餓之苦，他深知這種匱乏的感覺，也知道只要有錢就能買到食物，所以當他終於有能力時，絕對會盡情享受美食。他不斷追尋著美味的佳餚，確保每一項都能滿足他的味蕾。對他而言，食物的質與量都是極為重要的。

我仍然記得，那升起的

煙霧讓我的雙眼因快樂而溼潤，以及那杯檸檬汽水喝起來有多酸甜。我們的臉泛著溫暖的光澤，炭火的味道殘留了好幾日，不時提醒自己品嘗過的美食。我依舊熱愛在餐桌上以炭火烤肉，而且永遠都被焦化醬油和煙燻中的甜美香氣所吸引，而想起童年所熟悉的滋味。我想知道，我的女兒在日後聞到燒烤的味道時，是否也會有同樣的感受——想起這些平凡的日子，是如何拼湊出她的童年的？

-

我將肉類的章節分成兩個部分：一個部分是使用燒烤技術的食譜，另一個部分則使用其他烹飪技術。大多數的食譜都可以搭配菜包肉和幾道飯饌小菜一起享用。

Notes on Korean Barbecue
關於韓式燒烤的注意事項

韓國提供桌邊燒烤的餐廳隨處可見，價格也普遍實惠。切成薄片的肉通常是在桌內設置的木炭或瓦斯烤架上烹飪的，若沒有，則會提供攜帶式瓦斯爐，如此一來，每個人都能參與其中。肉通常以兩種方式製備，這取決於使用的部位——不是塗上溼潤的醬汁來嫩化並

增添風味，就是簡單調味和／或醃製，以捕捉該部位真正的風味。

經過多次在倫敦的家中試圖重現韓式燒烤的體驗，得出的結論是，薄肉片並非必要，也不是首選。因為我們大多數都在後院裡烤肉，而且只在烹煮完成後才上桌，不會在用餐過程中烤肉。就我所知，使用薄切片的唯一理由是：一、可以快速烤熟，因為傳統上更偏好熟透的肉。二、使用筷子進食時，肉大多數都不會太大，因此常常需要在烹煮過程中，使用夾子和剪刀將肉切成小塊。出於此因，這兩個工具都是桌邊燒烤不可或缺的選擇。

考慮到這點，建議讀者，將韓式燒烤視為單純享受烤肉的方式——將此當作一種文化，而並非當作特定料理來看待。選擇喜歡的肉，依照此處的食譜來準備，搭配其他韓式燒烤的元素，創造自己的體驗。

Notes on Accompaniments
關於搭配的注意事項

On *Ssam + Ssamjang*
菜包肉與包飯醬

在最基本的層面上，韓式燒烤應該搭配上菜包肉和包飯醬。*Ssam*（菜包肉）這個詞，即韓語的「包裹」之意，指的是以生的或燙過的菜葉，包裹肉或其他餡料。這需要考慮到哪些當季蔬菜適合用來包裹，以及其不同的口感與味道，像是甜味、草味、苦味、多汁、嫩滑或爽脆等等的特性，都會有不同的效果。我喜歡將嫩軟又甘甜的萵苣和苦味草葉混合，以營造對比的風味口感。紫蘇葉是很常見的選擇，且會帶來草本的香味（如果手邊找得到）。日本紫蘇（shiso leaves）也很好。若無，可以嘗試其他香草（herbs），例如薄荷或蘿勒。燙過的高麗菜也是我們家中很受歡迎的選擇，因為他既甘甜又多汁，而且風味完全中性，可以襯托出鮮明和精緻細膩的口味。

現在的包飯醬在亞洲超市隨處可見，而且品質都很好，但我認為自製會更好，只要混合韓式大醬和韓式辣醬，就可以依照個人偏好來平衡口味。我在本書有分享包飯醬（見222頁）的食譜，他使用黑帶糖蜜和少許醋，以帶來更圓滑的甜味與酸度，從而減少肉的油膩口感。

Notes on *Banchan*
關於飯饌的注意事項

搭配飯饌料理是很好的選擇，有助於平衡原本只以肉食為主的一餐。若有提前分批製作泡菜，就能夠隨時用上，十分方便。泡菜只要發酵得剛剛好，便會帶有一種清爽的酸味。請嘗試與肉一起烤製，尤其是豬肉，因其油脂會使泡菜顯著又尖銳的風味變得溫和、絲滑，散發美味的奶油香氣。

在決定添加何種飯饌料理時，要注意搭配醃料和肉類的類型，不同的口感、顏色和風味都要考慮到，例如：濃郁口味的醃料可能會需要清淡又帶有酸味的飯饌，來帶出清新的味道。而乾燥醃製或簡單調味的肉類，可能會更適合與醬多類型的飯饌搭配。

我認為，齊全的五種基本味覺──鹹、甜、辣、酸與苦──有助於打造出口味多元的飯桌，將包含這些（部分或全部）元素的菜餚搭配在一起，即可平衡整體風味與口感。

Notes on *Jjigae*
關於燉菜的注意事項

大部分的韓式燒烤，都以共享的燉菜作結尾，且通常都是一鍋熱氣騰騰的料理。常見的是大醬湯（第116頁），上面點綴著切丁的時令蔬菜和豆腐，配上一碗白飯。然而，也有可能只有一碗簡單的湯配飯。對於我而言，白飯和燉菜並非是必要的，不一定要遵守這樣的規則，當作可以考慮的選項即可。

Notes on Noodles
關於麵的注意事項

有時，一餐的最後以麵──尤其是冷麵──結尾，是很好的選擇。其冰涼又清爽的口感，在炎熱的時節尤其受歡迎。粉色冰湯蕎麥麵（見184頁）或辣拌冷麵（見188頁）會是不錯的選擇。一桌通常會共享一兩碗麵。

再度重申，我確實認為，只要一定分量的肉搭配上當季的菜葉蔬菜，就足夠了，而且有時候可能還更方便一些。所以，請保持簡單，只要準備好基本的東西，就能享受燒烤的樂趣。

Other Condiments
其他的調味料

除了菜包肉和包飯醬之外，燒烤通常還有其他調味料可以使用。我在這裡一一列出，以便讀者輕鬆找到並著手準備。

Konggaru (Roasted Soybean Powder)
烤大豆粉

傳統上，烤大豆粉會搭配烤豬五花（見140頁）一起食用，藉此賦予豬肉一種美妙的堅果味。可以在亞洲超市或健康食品店找到。最好冷藏於密封容器中，因為放在室溫下，很快就會失去堅果香氣。

Sogeumjang + Gireumjang (Sesame Oil + Salt Dipping Sauce)
芝麻油＋鹽

這種調味方式通常用於搭配烤肉，而肉不需要浸泡在液體裡。混合芝麻油和油鹽醬，能帶來奶油堅果香與額外的風味，加入黑胡椒粉也是常見作法。然而，有人認為芝麻油濃烈的香氣，會覆蓋住牛肉真正的滋味，所以有時會傾向將其忽略。一般而言，我喜歡三比一的油和稍微磨碎的鹽片，再加上大量黑胡椒。

Yangpa Jeorim (Onion Salad with Wasabi Soy Vinaigrette)
洋蔥沙拉

這種簡單的沙拉是烤肉的最佳搭配，而蔥沙拉也是（見下文）。將其裝入個別的盤中，當作蘸醬一樣食用：把肉浸入醬中，搭配幾片洋蔥一起入口。切成薄片的洋蔥會略微以芥末和醬油醋醃製。根據不同季節，可以使用大蒜瓣來取代洋蔥，或是韭菜也可以。這道菜通常會使用到西班牙黃洋蔥，但我也喜歡使用當季的紅洋蔥或甜洋蔥。

將切好的洋蔥浸入冷水15分鐘，以去除其濃烈的氣味。調味醬則是簡單以等量的醬油、醋、糖和水混合製成。我喜歡使用生抽醬油，以保持調味料的整體顏色較淺，不會太深暗。蘋果醋因其甜酸味而較合適，但你也能夠使用米醋。請依個人偏好的口味加入芥末醬，而我則偏好將芥末粉製成芥末糊，並把 ½ 茶匙的芥末糊摻入各1大匙的醬油、醋、糖和水之中，來製作調味醬（但具體分量取決於芥末糊的辣度）。調味醬的整體風味應該會帶有清新的酸味，與甘甜和微微的酸味平衡。芥末應該要有一定辣度，讓鼻子微微刺痛發麻，但卻清爽而不過於辛辣。

Pajeori Pa Muchim (Spring Onion Salad)
蔥沙拉

在我看來，蔥沙拉和菜包肉與包飯醬一樣，是韓式燒烤的必備配菜，搭配上烤豬五花（見140頁）尤其美味。其微辣又帶有果香的調味醬，由韓式辣椒片與醋油醬製成（辣椒醋油醬gochugaru vinaigrette），搭配上蔥，就會帶出蘋果醋的甜酸味。我喜歡添增少許芝麻油，以賦予堅果香味與柔滑的口感。蔥應該切成細條狀，首先切成5公分的段，再將每個段垂直切成細條即可。要確保切好的蔥都有浸泡於冷水中，才能去除其刺激的氣味——水溫最好冰冷，以振奮其口感與風味。在這個過程中，綠色部分上的黏液也會被洗掉。

將醋油醬的所有食材都混合在一起，輕輕辦入蔥，即可上桌。記得要上桌時再製作，因為蔥若提前加入調味醬中，很快就會枯萎。

四人份

1大束的蔥

辣椒醋油醬（調味醬）
2大匙的蘋果醋
1½ 大匙的韓式辣椒片
1大匙的粗黃砂糖
1大匙的醬油
1大匙的烤芝麻油

LA牛小排 LA Short Ribs

老實說，我想不出比具焦糖香味的烤牛小排，還更能展現韓式燒烤風味的菜餚了。在更傳統的作法中，會將牛小排的每個部分分離，並讓骨頭保留在末端。

接下來，斜切牛肉，以便調味滲入，使原本較硬的部位變得更嫩。據說，早期移民洛杉磯的韓國人，不得不去適應當地肉店的切法——法蘭克切法，即逆著肋頭切的處理方式，價格相當實惠，且由墨西哥移民引進——以重建他們遙遠家鄉的滋味，並發明出牛肋排橫斷切法（lateral-cut galbi），現在被廣泛認為是LA Galbi。法蘭克式牛小排在英國又被稱為韓式牛小排，在許多肉店和網路上都能買到。其完美平衡的鹹甜醃料，賦予牛肉難以抗拒的美味，而預先以糖和水果醃製肉不僅有助於軟化肉質，也能夠使口味更甜美，因為比起大豆醬（*fermented bean paste*），糖通常需要更長的時間，才能完全滲透到肉中。若無亞洲梨，也可以用其他種類的甜梨或半顆奇異果來取代。

如果想充分享受風味，需要確實醃製一晚；最好在木炭烤架上烹飪，以最大程度增強煙燻風味。

四至六人份

1公斤的橫切牛小排／韓式牛
　小排，切除脂肪

醃料

6大匙的紅糖
½ 顆的洋蔥，粗略切碎
½ 顆的亞洲梨，去皮去心，
　粗略切碎
3大匙的清酒
3大匙的味醂
6大匙的醬油
3大匙的水
3大匙的烤芝麻油
35克的蒜瓣，剁碎
3根蔥，切得細碎
1茶匙的新鮮研磨黑胡椒

橫切的牛小排有時可能會在骨頭周圍，殘留一些微小的骨屑。若有發現這種狀況，就將肉以流水輕輕清洗，且要格外注意骨頭周圍，以去除所有骨屑。如果沖洗過，或有殘留血汁，則以廚房紙巾輕輕拍乾表面，除去多餘的水分。

將肉放入容器中，並在每一層肉上撒糖（用完所有的糖）。將洋蔥、梨、清酒和味醂放入料理機攪拌至光滑，倒在牛小排上，再好好按壓以均勻混合，並放置一旁靜置10分鐘。

接著，將其餘食材混合入一個碗中，攪拌均勻後倒在牛小排上，以手按壓，使其均勻塗抹上。完成後，將肉擺平整、堆整齊，蓋上蓋子冷藏至少4小時或一整晚。

如果在戶外的燒烤架上烹飪，而看到餘燼中有一層白色灰燼時，可以開始將醃製好的牛小排放在烤架上。每面大約需要3至4分鐘，烤到輕微焦化即可。

也可以在室內以厚底煎鍋或烤鍋烹飪。首先將鍋加熱，然後一層牛小排，再立即將火量調至中火。一面煎4至5分鐘，再轉至另一面煎2至3分鐘。如果鍋內有點乾，可以加入一點水或幾勺醃料。

又或者，也能使用烤箱烹煮。

煮熟後，將牛小排切成單一塊，或簡單將肉切下骨頭，再切成一口大小的肉塊即可。立刻搭配一片菜葉和包飯醬（見222頁）享用。

　　置於烤架上製作

Notes on Fruit Purée
關於果泥的注意事項

人們相信，壓製成泥狀的水果與蔬菜纖維，由助於使醃料更容易燒烤。在韓國家庭中，常會以平紋細布或薄紗棉布，過濾梨和洋蔥的果泥，以用來防止肉燒焦。如果你想試試，可以在碗上放細篩網，再放上平紋細布或薄紗棉布，小心將果泥倒入其中。要緊緊固定住頂部的布，以便開始擰壓液體進入碗中，且要盡量用力壓搾，好提取盡可能多的液體。收集完後，即可丟棄果泥。

醬烤羊肉串 *Doenjang* Lamb Skewers

在韓國，羊肉一向都並未被廣泛食用，也不易取得，而且大多數嘗過羊肉的人，都對其濃烈的野味感到遲疑而退縮。但隨著近年來，進口肉量穩定上升，以及華裔移民引進以孜然調味的羊肉串，並更加適應韓國當地的口味後，促使羊肉日益流行，人們因此對其越來越熟悉，也知道哪一種料理方式最適合他。這道菜的靈感來自於人與食材的遷徙，所創造出的新興風味，而這樣大膽的組合廣受人們歡迎，且以愛慶祝著。大豆醬的豐富口味與帶有大地風味的羊肉，非常適合搭配在一起，也起到了很好的調味作用。再加上來自石榴糖蜜的酸甜口味，這種組合看似難以想像，但卻造就了魔法一般的美味。

使用肉針器，使醃料能充分滲透進表面之下的肉，並以手按壓，讓醃料能被好好吸收。用木炭烤架來烹飪羊肉串，非常美味，且從慢慢焦化的烤羊肉中散發出的煙燻香味，也極為誘人。

作出12串

4塊羊頸柳，大約重650到
　　750克
海鹽片，依照個人偏好適量

醃料
15克的蒜瓣，剁碎
2茶匙的薑末
2大匙的紅糖
2大匙的特級初榨橄欖油
2大匙的韓式大醬
2大匙的石榴糖蜜
1大匙的醬油
1大匙的蘋果醋
1茶匙的新鮮研磨黑胡椒

首先將醃料的所有食材都混合進大攪拌碗中。

將羊頸柳縱向切半，再切成2公分厚、一口大小的方塊狀。請記住，肉塊煮熟後會稍微縮小。

使用肉針器，劃過切好的羊肉，然後刺入肉中，使醃料能更深滲透到組織中。將肉轉移至放有醃料的攪拌碗中，並用力按壓所有食材，使醃料能充分吸入肉中。完成後，蓋上蓋子冷藏4小時或一整晚。將醃製好的羊肉串到烤串上（每串約5塊），確保每一塊都有牢牢固定，並以手輕輕壓平，使燒烤表面能夠均勻。重複這個步驟，作出大約12串。

如果在戶外的燒烤架上烹飪，而看到餘燼中有一層白色灰燼時，就可以開始將烤肉串放在烤架上。我喜歡每隔一段時間就轉四分之一，好讓肉塊均勻燒烤。羊肉大約需要6分鐘才會烤熟，並呈現出漂亮的炭燒外觀。

也可以在室內烹飪。以中火加熱，並將烤肉串放在鍋上，每面煎3分鐘，直至稍微焦化。又或者，也能使用烤箱烹煮。

完成後，撒上少許海鹽片即可享用。

置於烤架上製作

Meat 肉類

<u>置於烤架上製作</u>

烤肉餅 Grilled Meat Patties

Tteokgalbi

相傳，這最初是一道王室在宮中所享用的奢華料理。因為王公貴族不願以手食用牛肉，所以廚師將嫩肉從骨頭上切下，然後作成肉餅，再放回牛小排的骨頭上，如此一來，他們就都能享用到烤肉的美味了。自那時起，這道菜餚經歷好幾代的演變，在不同的地區發展出不一樣的形式，而有些會更偏好價格較實惠的絞肉。

在這道食譜中，我使用一半的牛肉和一半的豬肉，創造多汁的口感；豬肉也會添增更多的風味。肉餅的用途廣泛，可以用來填充麵包（不同於一般的漢堡），或是拿來作菜包肉，並加上醃製品與蘸醬來享用。

肉餅很適合在烤架上烹飪，因為當醃料的汁液滴落在熱炭上時，就能帶給肉美味的煙燻風味。使用煎鍋或烤箱的話，也依然美味。

我在食譜中建議將肉塑形成肉餅狀，但整片放在鍋上煎，也是完全可以的──選擇最適合自己的方式即可。

首先將梨、大蒜和薑放入料理機，攪拌成光滑的果泥，放入大攪拌碗中，再加入牛肉、豬肉和肉餅的其餘食材（除了植物油之外）。以手攪拌混合，已建立強度和黏性，並像揉麵糰一樣用力按壓融合。攪拌過程中，混合物的顏色會開始越來越淺，並帶有白色的細線紋路，這時即完成。

將混合物分製成10個大小相等的方形肉餅，厚約1公分，四角略圓。將之放上鋪有烘培紙的烤盤，蓋上蓋子並冷藏至少1小時或一整晚，以使肉餅更堅實，且充分吸取醃料的風味。

與此同時，將最後塗抹用的醬汁的食材都混合在一起，並放置一旁備用。

如果在戶外的燒烤架上烹飪，請使用帶有手柄的烤籃，如此便能輕鬆地經常翻面。看到餘燼中有一層白色灰燼時，就可以開始將肉餅放在烤籃上。每一面皆需烤個3至4分鐘。

若在室內烹飪，請在厚底的煎鍋中以中火加熱些許植物油，將每面煎3至4分鐘，直至熟透。

完成後，塗上放置一旁的醬汁，並裝飾上白芝麻籽與細香蔥段，即可熱騰騰上桌享用。

10個80克的肉餅

肉餅
¼ 顆亞洲梨，去皮去心，粗略切碎
3顆蒜瓣，搗碎
1茶匙的薑末
300克的絞牛肉
300克的絞豬肉
3大匙的醬油
2大匙的紅糖
1大匙的味醂
1大匙的烤芝麻油
1大匙的烤白芝麻籽
4根蔥，切得細碎
½ 茶匙的新鮮研磨黑胡椒
2大匙的糯米粉
植物油，煎肉餅用（如果選擇以煎鍋烹煮）

最後的塗醬
1大匙的烤芝麻油
1茶匙的蜂蜜
¼ 茶匙的海鹽片

增添風味
烤白芝麻籽
細香蔥段

烤雞串
Chicken Skewers with Sesame Chicken Skin Crumbs

烤雞串一直以來都是韓國街頭上最受歡迎的食物。他們會將一口大小的深色肉塊（通常都是雞腿肉）放在木炭上燒烤，然後刷上一層保密配方的醬汁。廚師會在頂部表演以火噴燒烤雞串，底部則慢慢在木炭上烤製，創造出所謂的「火味」（*bul mat*）。

這道食譜的塗醬並不辣，而是平衡了甜味與鹹味的鮮美，嘗起來十分美味。醬汁可以提前製作，並在冷藏中保存幾日。香脆的雞皮裹粉是絕佳的調味料，但問題是，他從烤箱出爐時實在太香，使得人們在等待串燒的同時，很難抗拒先咬下一口的欲望。

如果想讓桌上更豐盛，可以搭配咖哩鍋飯（見172頁）和粉色醃蘿蔔（第90頁），都非常適合。

六人份（作出大約12串）

8隻無骨雞腿，大約重900克，帶皮
30克的薑
4大匙的全脂牛奶
2大匙的清酒
2大匙的植物油
1茶匙的海鹽片
¼ 茶匙的新鮮研磨黑胡椒
12根蔥，切成3公分長的細根狀
海鹽粉，依照個人偏好適量

塗醬
2大匙的紅糖
2大匙的醬油
1大匙的番茄醬
1大匙的韓式辣醬
100毫升的水
1整根乾燥紅辣椒

雞皮裹粉
1茶匙的烤白芝麻籽
¼ 茶匙的海鹽片

首先去除雞皮，並刮掉皮下多餘的脂肪，將其放在鋪有烘焙紙的烤盤上，撒上少許鹽並冷藏待用。

將去皮的雞腿切成一口大小的塊狀或條狀（煮熟會稍微收縮），放入大攪拌碗中。將薑磨碎，並在雞肉上壓出薑汁，然後丟棄。加入牛奶、清酒、植物油、海鹽與黑胡椒，將所有食材按壓混合，並蓋上蓋子冷藏至少4小時或一整晚，使其慢慢醃製。

如果使用木串，請將其浸泡冷水30分鐘。

與此同時，將塗醬的所有食材（除了乾燥紅辣椒之外）都拌入小鍋中，均勻混合後，再加入辣椒，並慢慢煮10分鐘，直到醬汁變得如蜂蜜般濃稠。

將烤箱預熱至180℃。

以杵和研缽輕輕研磨芝麻籽（*sesame seeds*），再拌入海鹽片，然後放到小攪拌碗中。

將裝有雞皮的烤盤放入烤箱，烤30分鐘到雞皮變得酥脆且膨脹，再放到鋪有廚房紙巾的盤子上，以吸取多餘油脂。冷卻到可以處理時，切成碎屑並攪拌至放有芝麻和鹽的小攪拌碗中，擱置一旁。

將醃製好的雞肉串上，並在兩三塊之間串上一片蔥。我喜歡串得很緊，且以手輕輕壓平，以確保烹飪表面均勻。重複這個步驟，作出大約12串。

→

置於烤架上製作

如果在戶外的燒烤架上烹飪，看到餘燼中有一層白色灰燼時，就可以開始將雞肉串放在烤架上。我喜歡每隔一段時間就轉四分之一，好讓肉塊均勻燒烤。雞肉大約需要6到8分鐘才會烤熟，並呈現出漂亮的炭燒外觀。將其塗上醬汁，使其起泡並焦糖化後即完成。

若在室內烹飪，請以中火加熱烤鍋，然後放上烤雞串，一面烤3分鐘，再轉到另一面烤4至5分鐘，直至每一面都呈焦糖色。接下來刷上醬汁，使其起泡並焦糖化後即完成。

也能夠以烤箱烹飪。

上桌時，可以將雞皮裹粉撒在肉串上，或者當作蘸醬放在一旁。請趁熱享用。

韓式炸雞 Korean Fried Chicken

Dakgangjeong

我很可能正在追求著，一種不存在的完美存在。在我那生動的夢境中，炸雞的味道甜美，但不過於甜膩。其濃郁的堅果甜味，就像刻骨銘心的初戀般無法抗拒，而辣椒與鮮美的鹹味則圍繞著脂肪，使風味更加顯著。嘗起來的口感並不黏稠——被濃稠的辣椒醬所覆蓋——而是像包裹著奶油焦糖的爆米花，柔軟而甜美。

我不確定，如此美好的滋味是否能夠再度重現、複製。但我不斷返回品嘗，不知道自己究竟是想望著那美味的雞肉，抑或是想望著自己遠在他方的家。

*Dak*的意思是「雞」，而*gangjeong*這個名字則源自韓國傳統的甜點——藉由蒸煮發酵的在來米粉麵糰，然後油炸至膨脹，塗上蜂蜜或傳統的米糖漿（*jocheong*）後，再裹上磨碎的種子或堅果而製成。*Dakgangjeong*的製作方式也與此類似，將炸雞塗上含有糖漿的醬汁中，充分包裹脆皮，使其擁有獨特的黏度與光澤。

米糖漿的甜味比砂糖還要更柔和，帶有淡淡的牛奶糖香與鮮味的底調。如果沒有米糖漿，可以將糖溶入相同比例的熱水，並加入楓糖漿調味來取代。但我認為，使用米糖漿的食譜很值得嘗試，因其帶來的風味相當不同。畢竟，若不是採用傳統的米糖漿來製作，就稱不上是一道*gangjeong*了。傳統的米糖漿可以在韓國超商或線上輕鬆找到。

首先將雞肉塊、清酒、糖、芹鹽和黑胡椒放入攪拌碗中，充分按壓混合後，蓋上蓋子冷藏醃製1小時。

將米糖漿、番茄醬、水、糖、醬油、韓式辣醬和大蒜混合入一個碗中，以製作塗醬，並放置一旁待用。

從冰箱中取出雞肉，恢復至室溫後再烹飪。

將植物油和韓式辣椒片加入鍋中。以小火加熱，並不斷攪拌以防止辣椒片燒焦——可彎曲的扁平鍋鏟很適合進行這樣的操作。幾分鐘後，油會開始染上深紅色，辣椒片也會展開。這時，立刻加入塗醬，並調大火量，使其快速冒泡約2分鐘，讓醬汁變得濃稠，能像流質的蛋奶凍一樣包裹住勺子的背面，但還不至於如膠水般黏稠。完成後，關火並放置一旁。

→

四人份

雞肉
600克的雞腿肉，無骨無皮，
　　切成3公分的塊狀
2大匙的清酒
1茶匙的粗黃砂糖
½ 茶匙的芹鹽
½ 茶匙的新鮮研磨黑胡椒
植物油，油炸用

塗醬
60克的米糖漿
2大匙的番茄醬
2大匙的水
1大匙粗黃砂糖
1大匙的醬油
1大匙的韓式辣醬
3塊蒜瓣，剁碎
1大匙的植物油
1大匙的韓式辣椒片，研磨
　　成粉

醬糊
50克的中筋麵粉
70克的在來米粉
20克的玉米粉
150毫升的冷水

增添風味
烤白芝麻籽

接下來，將中筋麵粉、30克的在來米粉和玉米粉混合，以準備溼麵糊。慢慢將水加入其中，然後攪拌至沒有結塊為止。

將雞肉與剩下的40克在來米粉充分攪拌，再加入麵糊中，以手好好混合。

在烤盤上準備一個冷卻架。

在適合油炸的鍋中倒入植物油，其深度應該要足以淹沒雞肉，但只能達到鍋中的四分之三。將油加熱至160℃，小心放入幾塊裹好麵糊的雞肉，炸2至3分鐘，直至呈淺金黃色，完成後移到冷卻架上。請不要一次就炸太多，分成一批一批油炸。這一次是為了將雞肉煮熟，顏色不宜太深，只要確保有煮熟即可。

第一次油炸完成後，將溫度升至175℃，然後進行第二次油炸，炸到金黃酥脆。請分批油炸以防止鍋內過於擁擠。完成後，一批一批移到冷卻架上，以排除多餘的油。請勿將雞肉放到廚房紙巾上，因為他會產生蒸氣而軟化，失去其該有的脆度。

將裝有塗醬的鍋子放在中火上加熱，邊緣開始起泡後就放入炸雞，並用力移動鍋子使其均勻沾上醬汁。完成後，關火，撒上芝麻籽，並搭配粉色醃蘿蔔（第90頁）享用。

Meat 肉類

　　剪與烤在烤爐上、烤箱中製作（或生食）

生菜包豬五花 Poached Pork Belly Wrap

Bossam

在母親的廚房中，從來不缺上好的水煮豬肉。她通常都會用帶有一點脂肪且去皮的豬肩或豬腿肉來烹煮，並常在大批泡菜的製作之日，切成厚厚一片配上鹽醃高麗菜內葉食用。我們也會加上塗有辣椒醬料的 *kimchi-so*（泡菜餡），以及新鮮去殼的冬季牡蠣來上桌。

母親作的滷汁顏色深沉，帶有一絲肉桂香，肉則嘗起來像是浸泡過大豆醬湯。完美的酥脆口感以及辛辣的餡料，與軟嫩的豬肉搭配極佳，再包上柔軟的高麗菜葉中，會帶來大膽而平衡的風味，具層次感的辣味也會漸漸滲入口中。

對我來說，*bossam* 是一道象徵著社群和團圓文化的菜餚，富有母親慈愛之手的滋味，使餐桌前的人們能夠更加緊密地聯繫在一起。

我會大膽地使用不去皮的豬五花，讓脂肪在燉煮的過程中慢慢溶解，使肉質更溼潤，也使豬皮變得更膠質化。如果不太確定是否喜歡，可以在煮前將其去除。

建議在品嘗這道料理時，簡單配上燙煮過的高麗菜葉，以及附在一旁的包飯醬（見222頁），以增強包裹。高麗菜的甜味與肥美的豬肉搭配得相得益彰，也能很好地承載包飯醬的風味。若無，也可以使用適合包裹的當季蔬菜。

首先將糖、黑帶糖蜜、清酒、醬油、韓式大醬和水拌入厚底且有蓋的鍋中，並加入除了豬五花和肉桂棒之外的所有食材。將其煮沸，然後保持鍋蓋微開以中火煮15分鐘。

小心將豬五花浸入燉汁中，再加入肉桂棒。此時，立刻調低火量，燉煮1¼小時，直至肉完全煮熟但不至於完全散開。關火後，讓肉靜置在鍋中至少15分鐘。

將豬肉從鍋中取出，確保已冷卻到足以觸摸。倒棄燉汁，將肉切成3公分厚的片狀，再放到大淺盤中。

若打算晚點食用，先不用切片，並放入冷藏。準備食用時，再照上述步驟進行，然後蒸煮幾分鐘加熱即可。

以時令蔬葉包裹住豬肉片，配上包飯醬（見222頁）享用。辣蘿蔔沙拉（見36頁）也會是絕佳的搭配。

六人份

2大匙的紅糖
3大匙的黑帶糖蜜
3大匙的清酒
3大匙的醬油
1大匙的韓式大醬
1公升的水
1大匙的黑胡椒粒
½ 顆洋蔥，帶皮
½ 顆蘋果，去心帶皮
100克的韭蔥，縱向切半
40克的蒜瓣，稍微搗碎
15克的薑，粗略切片
2片乾燥月桂葉
1公斤的豬五花，切成5公分
　寬的細長片，帶皮
1根肉桂棒

搭配燙煮過的高麗菜葉或時
　令蔬菜，以及包飯醬（見
　222頁）一同食用

烤豬五花 Roasted Pork Belly

我非常喜愛烤豬五花。這道料理充滿著青春時光的美好回憶,那時的夜晚總是充滿活力和自由,而我會在大學城的斜窄巷弄裡漫遊,於多家燒烤店中尋找著便宜的燒酒和酥脆的豬五花肉片。

這幾乎不算是一道食譜,但我還是想分享自己對烤豬五花的熱愛。這裡的作法,與首爾那閃爍著霓虹燈光的街邊燒烤最相近。完美切片的三層肉,配上如奶油般入口即化的脂肪,使肉質更滑嫩,且帶著大醬的鹹味,以及酥脆的外皮,讓人很難不一口就愛上。以菜包肉的方式食用,將時令蔬葉或香草拿來包裹,並配上芝麻油和鹽蘸醬,以及蔥沙拉(見125頁)和包飯醬(見222頁),便會理解其美好。

四人份

1公斤的豬五花,去骨
1大匙的清酒
1大匙的韓式大醬
海鹽片,依照個人偏好適量

首先將豬肉拍乾,並注意豬皮沒有水分,且不需要在上面劃痕。

將清酒和韓式大醬混入小攪拌碗中,並刷上所有肉的部位,皮則不塗。將肉朝下、皮朝上,不蓋蓋子冷藏至少24小時(兩日最好),如此能讓肉好好醃製,而皮則完全乾燥。

將烤箱預熱至150℃。

在烤製前30分鐘,先將肉從冷藏取出退冰。以廚房紙巾擦去醬汁,並放在大張的鋁箔紙上,肉保持朝下,然後包裹住肉面,皮則裸露不覆蓋。盡量緊緊包裹,因為在烤的過程中肉會收縮。將肉放入烤盤,在豬皮上撒上些許鹽,置於烤箱中央烤2小時。

將豬肉從烤箱取出,並將溫度上升至220℃。

與此同時,可以將流淌出的豬油倒入耐熱罐中,冷卻後存放於冰箱,待烹飪使用。保持鋁箔紙包裹肉,皮則不覆蓋,烤箱達到所需溫度後再放入豬肉烤個20分鐘使皮酥脆。完成後取出,放上盤子或砧板,靜置30分鐘再切片。

將肉切成一口大小的片,且最好以鋒利的刀往帶皮的那一面朝下切。放入大淺盤中,搭配上述介紹的配菜一起享用。

剪與烤在烤爐上、烤箱中製作(或生食)

生拌牛肉 Raw Beef Salad

這道料理就是一盤美麗而凌亂的生牛肉，以傳統的方式簡單調味——加入些許蜂蜜和鹽，再淋上芳香的烤芝麻油。他會讓我想起，在姑姑家的家族聚餐，以及她那嬌小的雙手，看起來多麼纖細、蒼白又脆弱，但指尖卻彷彿舞者的雙腳一般，在廚房裡靈巧地舞動著。

　　生拌牛肉是父親最愛在姑姑家嘗到的料理，因為母親很少在家製作這道菜。搭配上清新又多汁的甜梨，柔軟的牛肉絲會變得甜美又可口，且將蛋打在上面，更凸顯出牛肉的深紅色調。我認為，這道料理的關鍵是加上大量的新鮮研磨黑胡椒，此舉能更加強調牛肉真正的風味。這道菜在形式上非常簡單，只要找到最好、最新鮮的牛肉，就能做好。

　　經過調味和烤製的海苔片是包裹牛肉的最佳選擇，其鮮味特別適合牛肉。

二至四人份

350克的牛後腰脊翼板肉

調味料

1茶匙的粗黃砂糖
1顆蒜瓣，剁得陳碎
2根蔥，只用白色部分，切得細碎
2大匙的烤芝麻油
1大匙的蜂蜜
1茶匙的醬油
1茶匙的新鮮研磨黑胡椒
1茶匙的烤芝麻籽，稍微搗碎
1茶匙的海鹽片，依照個人偏好適量

增添風味

½ 顆的亞洲梨
2至4顆的蛋黃（非必要）
烤芝麻籽，裝飾用
烤海苔片，上桌搭配

首先以廚房紙巾將牛肉拍乾，去除殘留的血汁，並逆著紋路盡可能切成薄片，再切成細條（若有需要）。完成後，放入大攪拌碗中。

將糖撒上牛肉，加入其他調味料，輕輕以指尖攪拌混合，使牛肉充分裹上調味，但不要過度搓揉牛肉。混合完成後，試一口嘗味，依照個人偏好加少許鹽調味。接著將保鮮膜封上牛肉，確保肉和保鮮膜之間沒有空隙，蓋上蓋子冷藏1小時。

準備上桌時，將梨子去皮、去心，並切成長條狀。再將冷醃牛肉分裝在盤子中，並在中間打入蛋黃（若有使用）。將梨子裝飾在周圍，最後撒上黑芝麻籽。

搭配烤海苔片一起享用。這也會是韓式拌飯的最佳配料（見166頁）。

Meat 肉類 143

Fish

海鮮

five

it was all pure ＋ simple love
完完全全的，簡單的愛

父親曾有一台小型的唱片機，其中播放的黑膠唱片都很老舊，總在他輕柔又跑調的嗡嗡之音中發出劈啪聲，但很難不注意到他的聲音中流露出，對於這種舒緩、平靜的音樂所感到的欣賞。

在夏季的晴朗週末，他會背上野餐袋和帳篷，帶我們去湖畔釣魚。他也會在半夜拉著一家人搭上南行的火車，讓我們爬上數千階的樓梯，然後望向湛藍的寧靜海洋之上，緩緩升起的壯麗日出。

週日早晨，他會用〈惡水上的大橋〉（Bridge Over Troubled Water）這首歌喚醒所有人，並用激動的北韓腔命令我們「全體起立」，而一家人都會被這滑稽的行為笑得淚流滿面。連他自己也覺得好笑，幾乎忍不住就要笑出聲來。

我們每個月至少都會去一次鷺梁津水產市場，每次前往時都會坐在車子後座，讓晨曦的微風輕輕吻過指尖，將四肢縮捲成一團，頭髮隨著風飄揚，迎向路過的車輛而擺盪。

沿路上的河川閃爍著光芒，照耀了坐落於市場對面的63大廈；那棟高聳的金色建築閃閃發亮，彷彿如黃金打造一般夢幻。在如此光芒之中，生活充滿了魔法般的神奇。

父親總是知道該去哪裡買什麼樣的魚，也會帶我們參觀一圈市場。他知道在每一個水箱中移動的生物叫什麼名字，以及該在廚房裡為其騰出什麼樣的位子。他買了活體螃蟹，用來煮成晚餐的燉湯，並讓我們嘗試以生的魚肉片沾上摻有醋的辣椒醬，而我事後才知道那就是 *hoe*——即韓文的「生魚片」。

父母都有工作要忙，但儘管生活混亂，他們還是依著穩定的節奏建立起日常，讓家庭中的每個人都感到安全和幸福。我們會在週六去看電影，並在時下流行的餐廳裡吃晚餐；在下雨的週日，則會一起擀著麵線，同時聆聽父親回

憶起他在戰後的童年生活。他一大早就會叫醒全家，並拿自己開玩笑來逗我們開心，且試著向孩子們展現屋外的廣大世界，告訴我們只要心懷志向，夢想也可以如棉花糖一般，充滿甜蜜的色彩。

我記得，他在回家的路上唱著法蘭克‧辛納屈（Frank Sinatra）的〈我的路〉（My Way）。他以同樣的方式唱著，就像之前哼唱著賽門與葛芬柯（Simon & Garfunkel）的歌曲一樣，俏皮但帶有自信，彷彿就在對著自己的信仰和價值觀致意。作為一名父親，能夠成功養家糊口，不再經歷過往的貧困與飢餓，靈魂不再因此受到生活而壓迫——可以聽得出來，他的聲音中含有一絲驕傲的感覺。

生下女兒後不久，我聽了他以前時常哼唱的歌曲，讓歌詞盤旋在腦海中；我默默坐著，茫然地凝望遠方，低聲嗚咽著著過往的話語，倒放著昔時的日常回憶——前往水產市場的旅行，以及他那疲憊、圓潤的微笑臉龐。

我能夠感受到，這些詞語就如此刻印在承載著心臟的骨頭中，不禁想知道他是否有時也會感到寂寞，想知道他是否感受過自己是被愛的。

他時常告訴我們，儘管自己渴望學習並在學業上取得成就，但卻不得不選擇做艱苦的勞力工作。作為家中長子，底下還有三個弟妹要照顧，他從小就承擔起沉重的責任，以養活自己極為貧困的家庭。

我想起他用那雙喝得酩酊大醉又笨拙的雙手，在深夜裡餵給我吃包在高級銀箔紙裡的方形冰淇淋——那曾是全世界裡，我最喜歡的東西——同時感受到燒酒的氣息隨著他的呼吸竄出，以及那長滿鬍鬚下巴把我的臉頰磨得發癢。我想知道，他是否獨自承受著痛苦，將所有渴求都深埋在內心深出，以防止他們再度滲出，並將一切都沾染上鮮紅的血色。他不斷前進，只為了在自己所選的道路上成功，好成為祖父無法成為的好父親與好丈夫。我現在才理解，他有多麼努力，不讓歷史重蹈覆轍，不成為那樣的父母。

我默默坐了一會兒，喘著氣，讓顫抖的心能夠平穩下來——這是我第一次為父親而哭泣。有了孩子後，我才瞭解他以自己的方式，向我們展示了他羞澀的內心，而我現在深知那就是愛，完完全全的，簡單的愛。

香煎比目魚
Fried Flat Fish with *Yangnyeom* Dressing

當韓國料理在西方日益聲名大噪的同時，簡單的魚類料理卻往往受到忽視。雖然香脆的韓式炸雞與色彩繽紛的韓式拌飯越來越受歡迎，吸引了許多人的目光，但像這樣的料理卻沒有機會受到介紹，實屬可惜。

　　這道食譜的烹飪方式非常簡單：用平底鍋煎魚，再以大量的鹽調味，然後撒上麵粉，來作出薄薄一層的脆皮。將醬汁淋上金黃酥脆的魚皮時，風味就會如魔法般產生變化——這種調味醬汁的味道複雜而細膩，能夠與比目魚的甜美肉質互相結合。紫蘇油如孜然一般的微妙香氣，也帶有米醋的柔和酸度，能將一切都融合成鹹甜濃郁的風味。我認為，這即是絕品。

　　我喜歡煎整條比目魚，而為了方便，也可以用魚片來代替：採用相同的料理方式即可，但要根據魚的厚度來調整烹飪時間。唯一需要注意的是，整條魚的尺寸通常會過大，無法放入普通的家用煎鍋中，若是如此，可以將其分成容易處理的大小。

首先將調味醬汁的所有食材混合進小碗中，並放置一旁待用。

以廚房紙巾拍乾魚，兩面都加上鹽來調味；如果用的是較小的魚片或分塊的魚，請注意調味。在魚上灑上大量麵粉，然後再抖掉多餘的部分。

在較大的煎鍋或平底燒烤鍋中加熱些許植物油，最好要有鍋邊，才能夠容納炸油。將火量保持在中火，且油不需要熱氣騰騰，只需在將魚放入鍋中時，能夠聽到輕輕的嘶聲即可。將魚的兩面煎炸約4至5分鐘，直到魚皮形成酥脆的外皮，呈現出漂亮的金黃色。

將魚放入盤中，並充分澆上調味醬汁，然後撒上薑，即可配上熱騰騰的白飯一同享用。

二至四人份，依照魚的大小決定

1整隻比目魚，大約重600克
海鹽片，依照個人偏好適量
中筋麵粉，裹粉用
植物油，煎炸用
2茶匙切成細條狀的薑

調味醬汁
1大匙的粗黃砂糖
1大匙的湯醬油或生抽醬油
1大匙的紫蘇油
1大匙的米醋
2大匙的水
1茶匙的顆粒芥末醬
2大匙的紅洋蔥，切成細塊
1根蔥，剁碎
1根紅辣椒，去籽切片
½ 茶匙的烤白芝麻籽
¼ 茶匙的新鮮研磨黑胡椒

烤鯖魚 Grilled Salt ＋ Sugar-Cured Mackerel

在韓國，鯖魚通常會先在高濃度的鹽水中浸泡過，然後再次鹽漬保存，將其緊緊包裹在富含礦物質的白色粗粒結晶之中。鯖魚的淡藍色魚皮會變得緊緻，肉質也越加扎實而肥美，並散發出大海的味道，品嘗一口彷彿置身在如夢一般的度假勝地——腳上踩著沙子，來回踏進海水中，啜飲著冰涼的啤酒，嘴裡還有碳烤鮮魚的香氣。

適當鹽漬的鯖魚會在醃製過程中，產生奇妙的細菌轉化作用，進而擁有備受喜愛的風味。這道步驟大大改善了魚的口味，使每一口都變得非常美味，猶如海洋所贈予的禮物。

在這道食譜中，我不會重度醃製，而是選擇簡單醃製，好讓讀者們能夠輕鬆享受富含脂肪的魚類料理，並複製出我從小到大都非常喜歡的味道——希望你也會喜歡。

若天氣允許，請在炭火上輕輕燒烤，否則就放入烤箱烤製，直到魚皮焦化並起泡為止。八角醃大黃（見92頁）特別適合搭配這道料理，洋蔥沙拉（見125頁）亦是如此。擠些檸檬汁在上面也相當不錯。

**二人份，
或四人份（前菜）**

2隻鯖魚，去頭，清洗並蝴蝶
　切，或採用4塊魚片也可以
2茶匙的海鹽片
2茶匙的粗黃砂糖
1大匙的清酒
1大匙的植物油
檸檬塊，上桌搭配

首先以廚房紙巾將於拍乾，然後放在平盤中，保持魚皮朝下。均勻撒上鹽和糖各半，再翻面讓魚皮朝上，並撒上剩下的鹽和糖。完成後，不蓋蓋子，放入冷藏至少1小時或一整晚。

將烤箱以高溫預熱。在淺邊的耐熱烤盤上鋪上鋁箔紙，放入烤箱中加熱，如此一來，將魚放在加熱的烤盤上後，就會立刻從上下兩面開始烤製。

將清酒和植物油混合入碗中。

從冰箱中取出鯖魚，輕輕在其兩面刷上混合好的酒油，然後小心從烤箱中取出烤盤（這時應該已經很熱了），再將鯖魚以魚皮朝上的方式鋪在烤盤上，並將烤箱調至高溫，對魚皮烤製約4分鐘，直到部分焦化起泡。無須翻面，這時應該完全烤熟了。

放入各別的盤中，一旁再附上檸檬塊，即可上桌。

Fish 海鮮

烤蛤蜊
Grilled Clams with Sweet *Doenjang* Vinaigrette

儘管韓式燒烤在西方日漸受到愛戴，但炭烤貝類卻仍未得到應有的重視。

　　這道食譜的靈感，汲取自我在釜山旅遊時享用到的烤貝類。釜山是一座濱海大城，以其令人驚嘆的美景、豐富的飲食文化，以其慷慨又熱情好客的特質而聞名。

　　貝類無須取出殼外，若體積太小，可以放在烤魚用的烤籃，或是底下穿孔的鋁箔烤盤也可以。燃燒的木炭緩緩加熱，使緊閉的貝殼一一打開，上升的煙霧會為甜美的肉質帶來芳香。在過程中，貝類慢慢在自身的汁液中烤製，無需其他的操作。我選擇使用家用烤爐，因為方便實用，但若天氣允許，可以直接用烤肉架。

　　可以試著拌入細麵條，或是用法國麵包沾抹美味的醬汁，千萬不能浪費。

首先將調味醬汁的所有食材都混合入碗中，並放置一旁待用。

將烤箱預熱至高溫，再放入烤盤加熱，如此一來，將貝類放在加熱的烤盤上後，就會立刻從頂部和底部開始烤製。

小心將烤盤從烤箱中取出（這時應該已經很熱了），再將蛤蜊（*clams*）（和／或你選擇的其他貝類）均勻放置在烤盤上。以高溫烤製，直至貝殼開啟、內肉熟透──大約需要5至7分鐘。將所有未開啟的貝類都丟棄。

同時間，在熱煎鍋上將切半的萊姆烤至焦化（或直接使用烤肉架）。

將貝類放入大盤中以供共享。把烤盤中收集的汁液以細篩網過濾，然後倒在貝類上，再加入調味醬汁，並擠上烤好的萊姆。

二至四人份，裝入大盤共享

1公斤的蛤蜊，洗淨（也可以嘗試其他種類的貝類，像是淡菜或干貝）
1顆萊姆，切半

調味醬汁
4大匙的水
2大匙的蘋果醋
2大匙的味醂
1½ 大匙的韓式大醬
1大匙的紫蘇油
1大匙的醬油
1茶匙的粗黃砂糖
1茶匙的韓式辣椒片
½ 茶匙的新鮮研磨黑胡椒
½ 根長形紅辣椒，切成細片
2顆蒜瓣，剁碎
1茶匙的蒜末
2根蔥，切成細片

辣魷魚沙拉 Spicy Squid Salad

若感到食欲不振，只想要辛辣的辣椒和顯著的酸味來提振胃口，我想這道菜正會是你心之所向。

這道菜的醬汁濃郁，帶有辣椒醬的煙燻味與辣椒片的果香，兩者結合成持久的辛辣口味，逐漸變成充滿活力的醋香甜味，久久滯留於臉頰兩側而不消散。

這道食譜沒有很多烹飪的環節，只需要將切絲的蔬菜和快速燙過的鮪魚條，以手搓揉與按壓，如此便能提取並調和風味。以指尖輕輕攪拌蔬菜（尤其是高麗菜），使其軟化並與不同的口感完美融合。

我會在魷魚管的內側劃花刀，只要打開鋪平，劃開的紋路就能夠更好地吸附醬汁；在烹飪時，劃花刀的魷魚也會捲曲，外觀非常優雅。當然，這並非必要的，可以跳過這一步，但就像大多數的簡單料理一樣，我認為小細節確實能夠改善整體的結果。

四人份

醬汁
2大匙的粗黃砂糖
2大匙的韓式辣椒片
2大匙的醬油
1大匙的紫蘇油
1½ 大匙的韓式辣醬
3大匙的蘋果醋
3顆蒜瓣，剁碎

魷魚
2隻中型魷魚，大約重350
　　克，洗清並去皮
1大匙的蘋果醋
40克的紅蘿蔔，切成條絲狀
130克的黃瓜，切半並斜切
130克的高麗菜，切碎，浸泡
　　於冷水10分鐘，然後瀝乾
¼ 顆的紅洋蔥，切成細片，
　　浸泡於冷水10分鐘，然
　　後瀝乾
1大匙的荷蘭芹
海鹽片，依照個人偏好適量

增添風味
1根青辣椒，切片
烤白芝麻籽

首先將醬汁的所有食材混合入小攪拌碗中，並蓋上蓋子，冷藏待用。

將魷魚管打開，以鋒利的刀插入其中，沿著自然的紋路劃開。攤平後，刮去薄膜並以流水沖洗，然後用廚房紙巾拍乾。用刀在魷魚體內劃出交叉狀，並確保刀只插入肉約三分之一的深度。切成一口大小的長方形條，觸手也切成相同長度的碎塊。對另一隻魷魚重複以上步驟。

將一鍋鹽水煮沸，並加入醋，等待沸騰。旁邊最好準備一碗冷水，以便將燙煮過的魷魚立刻浸泡於冷水。將魷魚條燙煮1分鐘，放入冷水中再瀝乾。

將紅蘿蔔、黃瓜、高麗菜、紅洋蔥與荷蘭芹放入大攪拌碗中，加入瀝乾水分的魷魚，倒入醬汁，並以手按壓、輕揉以充分融合。試一口嘗味，依照個人口味調整，有需要就加入少許鹽。

將魷魚放入盤中或分裝成兩盤，在撒上辣椒和烤芝麻籽。沙拉可以單獨食用，也可以配上細麵條，使其成為更豐盛的菜餚。

醬油醃蝦 Soy Sauce Marinated Prawns

這道料理在韓國被視為珍貴佳餚，尤其是在涼爽的秋季，蝦子（prawns；shrimp）會相當肥美、甜嫩，而且也不會長得太大。

醬油醃蝦和較著名的*Ganjang Gyejang*「生醃螃蟹」非常相似：將蝦浸泡在以醬油為基礎的醬汁中，並添加多種香料，讓微微辛辣的風味深入到蝦子的鮮嫩肉質中。鹹甜的醃製醬汁大膽凸顯了醬油的鮮味，同蝦子本身一樣，令人讚不絕口。只要將醬汁搭配上一碗熱騰騰的白飯，就會在唇齒間留下一絲鹹甜的香味。

這道菜絕對配得上「偷米賊」的封號，其誘人的鹹味和鮮嫩的甜蝦，一旦遇上白米，就會創造出如天國一般美味的味覺體驗。

這道食譜的醃製醬汁很簡單就能製作：只要將其所有食材都放入鍋中煮沸即可。唯一該注意的是，要在第三日重新煮沸，確保液體的濃度，因為蝦子在醃製過程中會釋放水分。

這道菜可以冷藏至7日，又或者可以分批冷凍以備用，在使用前一晚放入冷藏解凍就好。蝦子要趁早食用，否則浸泡鹽水太久，會變得太鹹而變質。

足以容納2公升的已消毒容器的分量

1公斤的新鮮生蝦，中型

醃製醬汁
400毫升的水
200毫升的醬油
70毫升的味醂
70毫升的清酒
70克的粗黃砂糖
30克的蒜瓣，稍微搗碎
20克的薑，粗略切片
5片5 × 7.5公分的乾海帶
½ 顆洋蔥，粗略切片
½ 顆蘋果，去皮去心，切成大塊
2根乾燥紅辣椒（整根）
1大匙的黑胡椒粒
3公分的肉桂棒

增添風味
½ 顆檸檬，切片
½ 顆洋蔥，切片
切碎的辣椒，上桌搭配（非必要）

首先決定是否將蝦子完整醃製，或是要去除蝦頭。若要保留，請以剪刀剪掉頭部的尖端和頭頂的刺；若要去除，就輕輕扭掉蝦頭——可以將蝦頭都收集起來，用來製作高湯或蝦油以備用。

挑除蝦子背部的黑線，並剪去銳利的尾節，然後以冷水澈底清洗、瀝乾、覆蓋，再冷藏待用。

將醃製醬汁的所有食材都混合入小鍋中，輕輕煮沸並慢燉25分鐘，偶爾攪拌以確保糖有完全溶解。完成後關火，讓其完全冷卻，然後以細篩網過濾，再丟棄剩餘的固體。

將洗淨的蝦子放入已消毒的有蓋容器中，撒上切片的洋蔥和檸檬，再倒入醃製醬汁，完全淹沒蝦子。在頂部封上保鮮膜，並確保與蝦子之間沒有空隙，然後再蓋上蓋子冷藏二日。第三日時，小心將醃製醬汁倒入鍋中再煮沸；同時將蝦放回同個容器中冷藏。煮沸後待完全冷卻，再倒回蝦子上。

將蝦子放入個別的盤中或大淺盤中，舀一匙醃料倒於其上，加入一些醃洋蔥。也可以撒上切碎的辣椒，立即搭配白飯上桌，並將其沾入冷醬汁中享用。

Rice

米食

six

a family who eats together stays together

一家人用餐，同桌便同心

妹妹曾寄給我一封信。她向來都乖巧聽話，行為從未越矩，在我離家前往大洋彼岸以掙脫束縛後，她填補了我在家中的位置而成為長女，並與父母更親近一些。

她看見母親連續好幾個夜晚，都在餐桌前唉聲嘆氣。每當父母為累欠的帳單爭吵時，她都必須從中介入，緩解兩人爭執不下的局面。即便身處遠方，家事依舊讓人感到酸楚、苦澀。我和母親越來越少通電話，但每次通話的時間卻越來越長；她的語氣中總帶著憤怒與絕望。我開始害怕與母親的每一通電話，她總是將錯誤都歸咎於他人，連芝麻小事都不放過，而使我漸漸感到窒息。

父母日夜爭執；母親試圖挽救破碎的生活，而父親則頑固地堅信，某種奇蹟終將會降臨，讓他們逃過這次的劫難。多年來，他冒著風雨、披星戴月，努力將塵埃化成一分一毫的硬幣。然而，他的財產卻在一夜之間消失殆盡，實在難以承受。父親體內深處所流淌著的飢餓本能，使他抗拒接受事實，直到身穿制服的人來到家中貼上封條後，他才體悟到了殘忍的事實。他們清空了我的臥室，裡面充滿了各種情懷，連我的舊鋼琴也沒能逃過。事情進展得緩慢，卻也殘酷地迅速。他們花了一輩子的時間，好不容易才建立起舒適的生活，現在卻都煙消雲散，彷彿

一切只是一場夢。母親默默地哭泣，父親則不知所措，頓時失去了人生的方向。

儘管這似乎不怎麼公平，但已成定局，只能任由一切流逝。而一部分的我，也跟著迷失。

母親沒有留下來掙扎，也並未對將來感到惶恐不安——然而，這只是我的假設，並非是全然的事實。

妹妹在信中以模糊的字句，告訴我父母搬到了哪裡，以及其他的事情。我坐倒在地板上，不知該做何感想；我只想嘗著母親煮的稀飯，一邊遙望遠方，一邊不情願地舀起入口。每個字都猶如磚頭般砸向我，內心因此遍體鱗傷。深感

絕望，我拚命想擺脫緊纏在麻木肌膚上的不適感，卻無能為力，只獨自一人身處異地，不知道自己的家究竟在何處。

妹妹在結尾寫道：「別擔心，一定要記得吃飯。」

那日，我失去了一部分的自我，也失去了唯一能讓我想像故鄉的事物——再也沒有我可以回去的家了。曾經屬於我的、能讓我憶起年少歲月與童年時光的一切，皆已不復存在。我只能將腦海中殘存的事物，用來重新想像那些往日，以夢來填補乍然出現的空虛。

母親告訴我要振作起來。「妳失去了一個家，但沒有失去一個母親。」是她為了不讓我落下淚水，而時常說的話。失落就像卡在喉嚨裡的石頭，難以吞嚥，也吐不出來。花了數年，我才意識到當年的自己有多麼深受打擊、多麼渴望尋回家的感覺。

有這麼一兩次，她說：「會不會是因為我把錢隨便扔掉了？」這可能是真的，我有時也這麼想。有一年夏天，母親因為生父親的氣，將裝滿現金的手提包扔掉。那晚下著傾盆大雨、溼氣逼人，整整一週——或甚至一個月——的收入就如此被扔在潮溼的路邊，被流向排水溝的雨水浸溼。她回到家，父親跟在其後，手上還拎著溼漉漉的錢包，不發一語便離開，或許是去喘口氣，也

或許還在氣頭上。

我們手足三人看著母親一言不發，不知該如何是好，只能將緊緊黏在一起的紙鈔拆開，放在地暖上晾乾。母親回過神來，隨口嘟嚷著自己不在意這些錢，也無心再煮飯，所以點了些披薩和一大瓶可樂。父親因為沒有胃口，所以沒有吃東西，其他人就坐在一起，享用一盒盒的厚皮披薩，上面鋪滿切成片的鹹苦黑橄欖，以及切成丁的綠、黃甜椒。母親什麼都沒解釋，只是不情願地咬著乾硬的披薩外皮，開玩笑說可能會有些幸運的人，找到其他溼掉的紙鈔。她默默吃下自己的感覺，我們則吞下當時的氛圍。

如今，我仍然不喜歡吃披薩，如同害怕冷麵肉湯一樣，因為自己曾經被嗆得很嚴重。有趣的是，我過了多年後才搞清楚原因，也更能看清成為母親後，所經歷過的每一場困境與掙扎。

母親常說我是個難搞的孩子，以至於在懷我的初期只能嚥下幾粒生米，勉強果腹。我也在成長階段，不斷挑戰她固有的價值觀，並堅持不懈地在彼此的信仰間談判。她常告訴我，待我有了一個像自己的孩子，就會知道當母親是什麼樣的感受。然而，她也總是鼓勵我，去看看外面的世界，去成為自己想成為的人。

女兒出生時，我非常想念母親，同時也感到如釋重負，沒有她在身邊嘮叨著生產之事。但是一想到母親的缺席，心中忍不住升起一把怒火。我想要她像其他韓國母親一樣，為我作一碗熱騰騰的海帶湯拌飯，也想要她替我看顧孩子入睡，如此我才能從分娩的傷痛中康復。然而，我每晚還是會站起身做自己所能做的事，以感受某種程度的掌控，使自己確信一切所需都在此處。儘管如此，沒過多久，我還是崩潰了，脆弱的心靈粉碎成無盡的碎片，任由起伏的情緒淹沒自我，解放了累積已久的傷痛。一小部分的我知道，自己必須找回返家的路，並成為自己想成為的母親。

當母親在佛羅倫斯度假（以找回她遺忘已久的自由）時，我們終於有機會能在這座異國城市相見。我那生有粉紅、橄欖色皮膚，以及留有深棕色頭髮的女兒，第一次見到了我的母親。她那時已經快要兩歲半，講著一口不錯的英語，但除了 umma 或 appa 之外，幾乎不識得任何韓文詞彙。母親想抱緊她的孫女，女兒卻將我的手指握得更緊，對眼前這位陌生面孔感到不安，不知她正在說著自己的母親不敢開口說的語言。我不知道，女兒那時是否聽見了，我叫了母親一聲 umma。

炎熱的空氣中充滿溼氣，即使不喝上熱氣騰騰的湯，還是會流得一身汗。然而，在這近40℃的義大利酷暑下，母親還是為我們做了 baeksuk（雞湯）。有嚼勁的乾紅棗配上糯米，是非常完美的澱粉類食物。她以前時常在家中，往雞皮裡塞滿白米，並以針線縫合起來，而我會用筷子將糯米夾起並送入口中，讓自己陶醉在一種難得而珍貴的柔軟口感中。

幾年前，我帶著在英國的家人返回韓國，一起參與妹妹的婚禮。即便無法以語言來表達感受，我們還是分享了許多碗白飯。

人們說，距離能使彼此的心更加親近，我不確定是否真是如此。也許短暫的分離，有益於恢復一段關係，但對我而言，長期的分離（在遠方建立起另一種生活）使我的心漂泊擺盪，無法抓住任何人或任何事。現在的我，難以再像女兒奔向我一樣，奔向自己的母親。那柔軟又圓潤的身軀，曾經懷著我九個多月，賦予了我生命，現在卻如此陌生、不可觸碰。出於相同原因，我也擁抱不了自己的父親。所以，我們在餐桌前坐得更近，一起享用著食物，以提醒我們就是一家人，而一家人用餐，同桌便同心。

Notes on Washing Rice
關於洗米的注意事項

母親會以逆時針方向將米刷洗三次，再沖洗三次。她輕輕將手放在洗好的米上，以測量出只在第一指節以下的適當水量。她煮出的每一粒米都飽滿而富有光澤，在爐灶上蒸煮時，底部還會留有一層鍋巴焦皮。

製作兩人份的米，須要將150克的短粒白米放入一碗冷水中，迅速攪拌以分離表面雜質。瀝乾水分，再重複一次。第二次瀝乾後，輕輕搓揉以使顆粒分離，然後加水沖洗，小心排出洗米水，重複此步驟兩次。隨著反覆進行這過程，洗米水會從濁白變得更清澈，但不至於完全透明（更像椰子水的顏色）。通常會將洗第二次或第三次的水保留下來，用於製作大醬湯（見116頁）

在冬天洗米會非常不舒服，所以我學會以打蛋器來代替——如果不太會掌握洗米的力道，打蛋器也會很有幫助。

Notes on Ratio of Water
關於水的比例的注意事項

許多因素會影響到煮飯所需的水量。一般來說，我會將乾米與水的重量比例維持在1:1和1:1.5之間。新收成的米需要比舊米少一點水。若是選用十穀米，就需要更接近1:1.5的比例。然而，很大程度上，水量也取決於個人喜好，有人喜歡乾一點，有人則喜歡黏一點，請嘗試不同比例，找出最喜歡的口感。

好比說，在每150克的乾米中，我會在最後瀝乾後，加入180毫升的冷水。或者使用第一指節測量的方式，讓米和水維持在大約1:1.2的比例，這特別適用於短粒白米。沖洗完米飯後使其浸泡30分鐘，再開始烹煮，幫助米粒分離並充分吸收水分。

Notes on Cooking Rice
關於煮飯的注意事項

以小電鍋煮飯會相當簡單輕鬆，但稍微練習後，也能夠以平底鍋作出同樣效果。

首先使用有蓋的厚底鍋，加入米和水，蓋上蓋子後煮沸，再立刻將火量調至中低火，並繼續煮10分鐘。隨後將火量調到最低，慢慢蒸煮5分鐘。此時米飯應已完全吸收水分。關火，保持關蓋靜置10分鐘後，即可上桌。

Rice 米食

韓式拌飯 Mixed Rice with Vegetables

*Bibim*有「混合」的意思，而*bap*則有「煮熟的米飯」之意，基本上就是帶有許多配料的一碗飯，可以攪拌混合享用。這是一道相當著名的韓國菜餚，因其引人注目的外觀和美味，而廣受人們喜愛，且營養價值也非常高。

然而，鮮為人知的是，這道菜有將近十幾種不同的地區變體（就像義大利肉醬），展示了無數種蔬菜與蛋白質的組合，且每種變體都深受當地文化與歷史所影響，而採用不同的烹飪技術。許多變體都使用當地常見的時令食材，本地餐廳也以推崇傳統的精緻作法為榮，尊重每種食材與調味元素，創造出整體的和諧與平衡，並帶來團結共融的意義。

我仔細深思過，該如何為拌飯這種知名的菜餚編寫食譜，最好的方式是引起人們對家常拌飯文化的關注，著重於該如何實際製作這道菜，而不僅只是作為一個食譜來介紹而已。

雖然在家中，不會總是有多種不同的蔬菜與蛋肉的選擇，但拌飯的食材通常都會經過精心挑選，以創造出風味與視覺上的對比感。這道菜通常會搭配飯饌的*namul*（調味蔬菜），像是簡單加上辣蘿蔔沙拉（見36頁）和流淌著蛋黃的煎蛋，再放入韓式辣醬和些許香芬的芝麻油，將所有食材都完美整合在一起。這道料理可以很簡單，也可以很複雜，完全由自己來決定。

經過醬油調味的乾燥香菇味道鮮美，擁有宜人的嚼勁，能為菜餚添增豐富的口感——可以用掉製作高湯時保留下來的香菇（見219或220頁）。醋醃紅蘿蔔是我的首選配料——它也非常適合三色飯捲（見169頁）——將之炒至軟化，最後以微妙的酸度來提亮風味。

二人份

建議配料
炒櫛瓜（見24頁）
炒蘿蔔（見26頁）
辣蘿蔔沙拉（見36頁）
豆芽沙拉（見39頁）
菠菜沙拉（見40頁）
大醬苦春菜沙拉（見41頁）

香菇
4顆再水化的乾燥香菇，保留
　4大匙的蘑菇水
1大匙的醬油
2大匙的味醂
½ 茶匙的粗黃砂糖
¼ 茶匙的新鮮研磨黑胡椒
1顆蒜瓣，剁碎
1大匙的烤芝麻油
½ 大匙的植物油
4大匙的蘑菇水，或清水

紅蘿蔔
1大匙的初級特榨橄欖油
200克的紅蘿蔔，切成條絲狀
海鹽片，依照個人偏好適量
1大匙的味醂
1大匙的米酒醋

蛋
3大匙的初級特榨橄欖油
2顆蛋

增添風味
300克煮熟的韓國短粒米
烤芝麻油
韓式辣醬或韓式辣肉拌醬，
　依照個人偏好適量

從香菇開始。將其擠出多餘水分，並保留蘑菇水，再切成薄片（連同根部，是可食用的），放入小攪拌碗中，加入醬油、味醂、糖、黑胡椒、大蒜和芝麻油。煮紅蘿蔔的同時，讓香菇在小攪拌碗中醃製10分鐘左右，也可以處理好紅蘿蔔後再回到香菇，並以同一個鍋中烹煮。

接著是紅蘿蔔。在炒鍋中以中火加熱橄欖油，加入紅蘿蔔，以少許鹽輕炒幾分鐘，這時應該會注意到橙黃色開始滲入油中，香氣四溢。紅蘿蔔軟化時就關火，趁熱放入碗中，加入味醂和醋，充分混合，再用盤子蓋住碗，使其在餘熱之下繼續蒸煮和醃製。

→

回到香菇。在用來炒紅蘿蔔的鍋中，以中火加熱植物油，放入醃製好的香菇，輕炒2分鐘，這時會聞到大蒜和甜醬油的香氣。將3大匙預留的蘑菇水（或清水）加入鍋中，熱到使其產生些微泡沫，隨後便調低火量。煮約10分鐘，或直到香菇都吸取了汁水即可。香菇會看起來有光澤、豐滿。試一口嘗味，可以在添增些許鹽和多一點糖。完成後即可關火。

在煎鍋中以中火加熱橄欖油幾分鐘，保持油溫高，但不至於冒煙，如此打入蛋時，就會發出嘶嘶聲。

將蛋打入鍋中，但每顆蛋之間不要靠太近。在保持不接觸的情況下煎2分鐘，並讓鍋稍微向遠離自己的方向傾斜，使油匯聚在一起，然後小心將油澆在還有點生的蛋白周圍。讓蛋黃保持鬆軟、流動的狀態，邊緣則相當酥脆。完成後即可關火。

上桌時，將米飯分入個別的碗中，放入蔬菜和煎蛋，淋上一些芝麻油和1大匙的韓式辣醬或韓式辣肉拌醬。

三色飯捲 Three-Coloured Seaweed Rice Roll

Samsaek Gimbap

許多次的校外教學前，母親都在會在黎明時分起床製作飯捲，我在一邊看著她，猶如一隻等待零食的小狗，緊緊坐在她身旁。我仔細觀察著，她是如何調味白飯、將蘿蔔切成絲，以及擺放餡料。她的指尖沾滿芝麻油而閃閃發亮，染上一絲美味的香氣。她以手指捏起飯球，均勻鋪在烤乾的海苔片上，只放滿大約四分之三。她將亮橙色的紅蘿蔔與草綠色的菠菜，放在亮黃色的甜漬蘿蔔與溫暖的鹹火腿上，再加入如烤餅一般、分成黃白條狀的煎蛋捲。將所有食材緊緊捲在一起，抬起並動作流暢地一拉，使飯捲成型，最後撒上些許芝麻油與芝麻籽。母親總會吃掉末端不整齊的那塊，把形狀完美的第二塊給我，並說道：我應該只吃美好的部分。

飯捲是我剛開始為女兒作的韓國料理，儘管不怎麼精緻，但也不會給她吃末端不整齊的那塊，因為我希望自己的孩子，能擁有最好的東西。我時常好奇，母親可能有過相同的感受──背負著沉重的責任，一心奉獻自己所能給予的一切。在母親製作飯捲的過程中，我感受到她默默付出的溫柔愛意，而她也十分珍惜著，孩子在一旁陪伴的日常時刻。

我堅信，作好飯捲的關鍵，在於烹飪與調味米飯的程度。米不能太溼黏，味道不能太淡，應該帶有明顯鹹味，並以少許芝麻油、鹽和芝麻籽調味（芝麻籽非必要）。完成後，就可以放入喜歡的餡料，包成飯捲。

較典型的餡料，如醃大根蘿蔔（*danmuji*），可以在韓國超市找到，都會整根出售，或切成大小合適的細根狀用來製作飯捲。還可以超市中，找到蘿蔔配上牛蒡的組合包裝，更加方便。這道食譜僅供參考，可以根據自己喜歡的餡料來隨意發揮創意。

根據食譜準備菠菜沙拉。

在小攪拌碗中，以適量鹽輕輕攪拌蛋。

在不沾鍋中以小火加熱植物油，輕輕倒入打散的蛋，確保均勻散開。這時會注意到，頂部開始乾化且邊緣凝固。煮一兩分鐘，直至蛋的中心幾乎凝固，小心翻面再煮10秒。完成後放上砧板。

小心地摺疊蛋捲，切成薄絲，放置一旁待用。

以廚房紙巾擦拭同一個煎鍋，用中火加熱橄欖油，再放入紅蘿蔔，以少許鹽輕炒幾分鐘，直到香氣四溢。紅蘿蔔軟化時關火，趁熱將其移入碗中，接著加入味醂和米酒醋，充分混合，用蓋子蓋住碗，使其在餘熱之下繼續蒸煮和醃製。

→

做出4個飯捲

菠菜沙拉（見40頁）

煎蛋捲
3顆蛋
海鹽片
1大匙的植物油

紅蘿蔔
1大匙的初級特榨橄欖油
200克的紅蘿蔔，切成條絲狀
海鹽片，依照個人偏好適量
1大匙的味醂
1大匙的米酒醋

米飯
600克的新鮮煮熟短粒白米
1大匙的烤芝麻油，額外的部
　分用於刷抹
2茶匙的海鹽片

飯捲
4片海苔
烤白芝麻籽，
　裝飾用（非必要）

將煮熟的米飯、芝麻油和海鹽放入大攪拌碗中，使用飯勺或鍋鏟用力但溫柔地攪拌，使每一粒米都沾上調味，而不至於將米搗碎——從碗的邊緣向中央攪起，是均勻攪拌的好方法。米飯應該要稍微冷卻，能以手輕鬆處理。試一口嘗味，可以添加少許鹽調味。

捲飯捲時，傳統的竹簾（韓國稱為 *gimbal*）可以提供穩定性，但不一定非要使用才行。可以用一張厚鋁箔紙來代替，經過幾次練習後，就不會這麼難操作了。第一次製作時保持信心，一切都會很順利的，只要想像是在將一張紙捲成緊緊的吸管就好。

將海苔放在砧板或竹簾（如果有使用）上，光滑面朝下，較短的邊緣放在自己面前。旁邊準備一碗水。將150的米舀到海苔中間，稍微弄溼指尖，盡可能均勻鋪開米飯、捏緊並用力壓在海苔上。米應該從自己面前的邊緣1公分處開始，一路鋪到最遠端的2.5公分處結束，海苔的寬度內都要鋪滿米，且不能鋪太厚。

將餡料排列在米飯中央，順序並不重要，重要的是要確保餡料的位置在米飯的中央，而不是海苔片的中央。

雙手放在餡料上，大拇指輕輕提起最靠近自己的海苔邊緣，平穩、有自信地一路往上摺疊捲起，將餡料都包住，邊緣則牢牢按壓在米飯上。將手捧成杯狀，輕輕把所有食材都牢固在內，以指尖輕壓摺疊過的邊緣。然後再以相同動作繼續捲動至末端。如果海苔的邊緣沒有黏在一起，可以在末端塗抹一點水以增強黏度。重複此步驟，做出四個飯捲。

完成後，刷上少許芝麻油。將刀的切邊沾上水，才能切出美觀的飯捲。通常會切成2公分厚的一口大小。可以撒上些許芝麻，並即刻上桌享用——飯捲最好新鮮食用。

咖哩鍋飯 Curried Pot Rice

母親每次做咖哩，都能留下來一部分到隔日繼續享用，這是我在長大的過程中，非常期待的一件事。微量的濃稠肉汁看起來並不吸引人，除了剩餘的蔬菜丁之外，沒什麼看頭。然而，擁有誘人奶油味的馬鈴薯藏匿於其中，洋蔥又小又甜美，豌豆（*peas*）則略帶棕色，突顯出明亮的色彩。

即使看不見肉的身影，我還是很樂意享受這微微辛辣、口感如泥般的醬汁，將其輕輕加熱，倒入一碗熱騰騰的白飯中，融合一切後，成為一道十分溫暖的菜餚。醬汁不會浸溼所有食材，但非常適合為米飯帶來溫和的咖哩風味。我常會加入煎蛋一起享用，且每一口都配上酸酸的泡菜，絕對如天堂般美味。

編寫這道食譜，以歌頌母親用*Ottogi*咖哩粉做出的韓國咖哩——其帶有明亮的暖黃色醬汁，在鍋裡與米飯混合，創造出一道金色佳餚，搭配上泡菜更是美味。

四人份

300克的短粒白米
300毫升的水或雞湯
1大匙的醬油
1大匙的香菜籽
1茶匙的孜然籽
½ 茶匙的黑胡椒粒
¼ 茶匙的葫蘆巴籽
½ 茶匙的克什米爾紅椒粉
1茶匙的薑黃粉
2大匙的植物油
½ 顆洋蔥，切成細片
20克的無鹽奶油
3顆蒜瓣，剁得細碎
200克的番茄，去皮並粗略切碎
1茶匙的粗黃砂糖
2茶匙的海鹽片
100克的冷凍豌豆

增添風味
2茶匙的細香蔥段

將生米放入攪拌盆中澈底清洗（見164頁），水變得清澈後，就裝滿冷水浸泡米30分鐘，再用細篩網瀝乾。於一個小壺中，量出水或高湯，混合醬油後，放在火爐旁待用。

同時間，將香菜籽、孜然籽、黑胡椒粒、葫蘆巴籽放進小鍋中，小火乾煮1分鐘左右，以活化香氣。稍微旋轉鍋子，讓香料移動，會散發出芬芳香氣，但不燒焦。烘烤完後，以研磨器或杵與研缽將香料磨成細粉，再拌入辣椒粉和薑黃。放置一旁待用。

在有蓋且厚底的鍋中以小火加熱植物油，放入洋蔥和少許鹽，輕炒約10至15分到焦化，過程中要不時攪拌。洋蔥會完全軟化，呈漂亮的焦糖色，邊緣也帶有一些色澤。如果覺得太快就焦化，可以加入少量的水。

洋蔥軟化後，拌入奶油、大蒜和一旁待用的香料，煮約一兩分鐘，使大蒜和香料能夠融入焦糖化的洋蔥中。接著加上番茄、糖和鹽，繼續煮5分鐘。再來放入瀝乾的米飯、水和醬油攪拌，蓋上鍋蓋，以中小火慢燉10分鐘。

將火量調至最低，放上豌豆，蓋回鍋蓋再蒸煮8分鐘。完成後關火，靜置10分鐘，再小心打開鍋蓋，以米勺或木勺輕輕攪拌，混合所有食材——這時便會注意到鍋底有產生微脆的鍋巴。

將飯分入個別的碗中，撒上細香蔥段，並熱騰騰上桌。

Rice 米食

泡菜炒飯　Midnight Kimchi Fried Rice for Kiki

雖然不記得母親的泡菜炒飯是什麼味道了，但我本能地知道，當中必定充滿了熟透泡菜的風味，其泡菜以大量的鹽漬魚調味，帶有濃郁的鮮味與清新又有活力的酸味。她只將大量的油拿來炒泡菜，並拌入米飯和炒蛋，就簡單做出這道料理。

對我而言，泡菜炒飯是存在於日常生活中的愛的滋味，如母親的懷抱令人安心，或像在陌生城市中聽見母語那般，熟悉又舒適。泡菜炒飯也是我時常幻想著，要在某一日與女兒分享的菜餚，以滿足她深夜升起的飢餓感。我在腦海裡快轉時間，想像我們在午夜的饗宴如此親密，靜靜站在燈光柔和的廚房中、徘徊在火爐前，不加思索就挖起鍋底焦香的米飯，口中還用力吹著氣，因為我們都知道，韓國人最喜歡吃熱騰騰的食物了。女兒甚至還可能會建議，在有嚼勁的米飯上放一球融成軟綿的莫札瑞拉起司，且在每次撒下起司時，偷偷把其中一大塊塞入嘴裡──如同我們一起做披薩時那樣。

我想，儘管這道菜看似普通，但也許會成為她日後想家時，能夠輕易取得的東西，藉此成為一座橋樑橋梁，使她能保留自己韓國的根。

在這道食譜中，我會使用'nduja豬肉醬，可以直接從包裝中取出，簡單輕鬆。'Nduja產自義大利南方的卡拉布里亞，是一種辛辣（辣椒般灼辣）的醃製豬肉香腸，由各種碎肉和脂肪製成（有時還包括內臟）。因為大量添加了當地的卡拉布里亞辣椒，所以風味獨特濃郁，味道辛辣，也可以用來塗抹食物。融化於輕炒的泡菜時，只要幾分鐘就會釋出辣味，其奶油般的質地也能平衡泡菜的酸味，在口中留下美味的油膩感。我喜歡使用煎鍋而非炒鍋，如此便能在鍋底做出香脆的鍋巴。上面放入橄欖油煎的脆皮煎蛋，蛋黃會滲出一絲金黃色彩，能夠緩解炒飯的辣味。可以直接從鍋中享用。

二人份

1½ 大匙的植物油
200克的泡菜，粗略切碎
1茶匙的粗黃砂糖
70克的'nduja（醃製豬肉醬）
1大匙的味醂
300克的煮熟短粒白米
1大匙的醬油
2茶匙的韓式辣醬
1茶匙的蠔油
¼ 茶匙的新鮮研磨黑胡椒

最後加入

3大匙的初級特榨橄欖油
2顆蛋
2大匙的*gim jaban*（海苔碎）
2茶匙的烤芝麻油

在煎鍋中以中火加熱植物油，加入泡菜和糖，炒約3分鐘使泡菜軟化。添加'nduja和味醂，煮1分鐘使其混合後，放入米飯、醬油、韓式辣醬、蠔油和黑胡椒，繼續煎3至5分鐘。

調低火量，用鍋鏟的背面或大木勺，將米飯均勻鋪放在鍋中（不要太厚），並用力壓下。以小火煮3分鐘且不攪拌，使其形成一層薄薄的鍋巴。完成後關火，靜置幾分鐘。

與此同時，在另一個煎鍋中以中火加熱橄欖油幾分鐘，保持油溫高，但不至於冒煙，如此打入蛋時，就會發出嘶嘶聲。確保每顆蛋之間沒有靠太近，在保持不接觸的情況下煎2分鐘，並讓鍋稍微向遠離自己的方向傾斜，使油匯聚在一起，然後小心將油澆在還有點生的蛋白周圍。讓蛋黃保持鬆軟、流動的狀態，邊緣則相當酥脆。完成後即可關火。

放入蛋和海苔碎，淋上芝麻油，即可上桌。可以直接從鍋中享用，記得也要嘗嘗底部的鍋巴。

綠豆粥 Mung Bean Porridge

鹹味粥常常會與三伏天雞湯（見111頁）搭配，作為完整的一餐。

如此一碗簡單調味的米粥，加入了濃郁的雞湯後，變得絲滑無比。這也是母親在我們生病時會特別煮的料理，以安撫我們的不適。撒上海苔碎，再攪拌均勻後，深綠色的小片點綴其間，使人想起淡淡的鹹海滋味。米飯軟得恰到好處且粒粒分明，而濃郁的雞湯則溫暖舒適，對舌頭與心靈都是一大享受，時不時就有一絲鮮味湧現，將懶洋洋的味覺喚醒。

韓國米粥常常會加入蔬菜丁，以及來自陸地與海洋的時令配料，但我更喜歡如空白畫布般的簡單風味，使雞湯的深度能夠充分展現出來。綠豆粥是一道真正的美味佳餚，對健康有益處，能夠為疲憊的身體補充能量。

我喜歡在粥上放一顆不太熟的荷包蛋（而非常見的碎雞肉裝飾），以讓絲滑的米飯與和奶油色的金黃液體結合。加上口味很酸的成熟泡菜，也能創造出對比的豐富風味，完成這碗平衡的一餐。這些都是建議，並非必要執行的指示，但請千萬別忘了海苔碎。

四人份

100克的糯米
100克的印度綠豆
2大匙的烤芝麻油
1.2公升的雞湯（三伏天雞湯
　的剩餘部分）
1大匙的湯醬油或生抽醬油
½ 茶匙的白胡椒粉
海鹽片，依個人偏好適量

增添風味

2茶匙的薑絲
4大匙的*gim jaban*（海苔碎）

非必要的配料

荷包蛋
泡菜

前一晚就要開始準備這道料理，一旦準備不足會使粥走味，口感會變得像麵粉一樣。首先清洗並浸泡米和綠豆，放入大碗中，以一般洗米的方式（見164頁）仔細沖洗，直到水變清。用冷水裝滿碗，讓米和綠豆浸泡一整夜，隔天早上以細篩網去除米和綠豆的水分，放置一旁待用。

在厚底的平底鍋裡以中低火輕輕加熱芝麻油，加入瀝乾的米和綠豆炒幾分鐘，使其沾上油，並偶爾攪拌以防止黏鍋。此時會聞到芝麻油的芳香，一兩分鐘後，米粒會開始黏在一起並呈現半透明色。

分幾次逐步添入高湯，如此就能控制米和綠豆，以順利融入湯中。

稍微調高火量使其沸騰，慢慢燉煮45分鐘，時不時攪拌，確保米粒不沾黏鍋底。這時會注意到鍋中出現溫和的泡沫，並發出類似於煮番茄醬時會出現的短促啵啵聲。時間到了之後，米和綠豆應已分解成柔軟的奶油糊狀，粥也變得濃稠。加入醬油和白胡椒，並試一口嘗味，以鹽調味。

將粥裝入個別的碗上桌。可以在每個碗中放上荷包蛋和泡菜，並以少許薑與海苔碎裝飾。

Rice 米食 177

年糕串　Crispy Rice Cake Skewers

Tteok Kkochi

這是我童年最喜愛的食物，那段時光的天空染有深邃的海藍色，夏日的夜晚閃爍著星辰，使我對明日懷抱夢想。空氣溼潤而甜美，充滿魔法般的神奇，以及青春活力的氣息。

　　有一次放學後，我初次品嘗到了年糕串，上面沾滿的番茄醬有著如夕陽般的暖橙色，口味甜美，也帶有韓式辣醬的香辣。有些孩子喜歡先將醬汁舔得一乾二淨，而若你像我一樣，就會選擇小心翼翼咬下又熱又脆的年糕、品味著醬汁，讓有嚼勁的年糕內餡擁抱舌頭，並在嘴中幸福地舞蹈。

　　醬汁的製作量大，所以會有剩餘的部分──能夠冷藏保存幾日。可以在亞洲超商或網路上找到圓柱形年糕，運氣好，還可能會遇到新鮮製作的年糕，或是以麵粉製成的年糕，且都完全適用這道食譜。當然、若買到薄切的年糕，就不用串起來了。

將木串浸泡在冷水中30分鐘。

若使用冷凍年糕，將其浸入冷水10分鐘以軟化，否則容易破裂。接著將年糕放入沸水中燙煮1分鐘，瀝乾並以冷水沖洗，用廚房紙巾拍乾水分，在每個木串上串入4塊年糕。

與此同時，將醬料的所有成分放入小鍋中，以中火加熱，慢慢燉煮5分鐘，使醬汁濃稠。試一口嘗味，味道應要香甜，且帶有溫和的辛辣味和微酸口味。放置一旁待用。

在大煎鍋中以中火加熱植物油，小心將年糕串放入鍋中，每面煎幾分鐘，直至熟透並呈現美味的金黃色。溫度不宜過高，因為年糕內的水分會膨脹而破裂，也不該油炸。在較低的溫度之下煎製，能夠最大程度地降低破裂的風險。

年糕呈金黃酥脆時即可關火，在兩面刷上厚厚一層的醬汁，撒上烤芝麻籽（非必要），並熱騰騰享用。

做出4串

4根短木串
16塊年糕，大約重225克
3大匙的植物油，煎製用

醬汁

3大匙的番茄醬
2大匙的粗黃砂糖
1大匙的韓式辣醬
1大匙的醬油
1茶匙的紫蘇油
1顆蒜瓣，剁碎
60毫升的水

增添風味

烤白芝麻籽，份量隨意（非必要）

Noodles

麵食

seven

a taste of my father's home arrived in summer

來自父親家鄉的滋味，隨著夏日到來

首爾的樣貌在快速發展之下，經歷了許多改變。以遮雨棚作為簡易屋頂的傳統市集，逐一關上了大門，被改建為以磚砌成的商家建築。高聳大樓拔地而起，帶領了區域經濟的成長，人們終於能在自家陽台與空中花園，俯瞰首爾城的光彩，卻未曾注意到這座城的許多過往，隨著時間流逝，被埋沒於瓦礫堆之下。

我已故的祖父在韓戰期間脫北，逃往首爾尋找新家，正好於重劃發展的貧困地帶落腳——他大概是貧民區最幸運的人了吧。祖父那破舊又逐漸傾頹的屋子，坐落在雜草叢生的山丘頂上，只能依靠數千

層不平坦的狹窄階梯出入。然而，穿著西裝革履的人總會不時拜訪，試圖以微小的賠償就想說服他將自己的家給拆了，而最終都會遭到回絕。

父親在這一帶到處搬遷，非常熟悉附近的無名街巷和陡峭山丘。我的右臂留有這麼一道疤，總是使我想起，那據說曾在孩提時住過的房子。母親就在那裡嫁給了父親，承擔起照顧祖父的責任。她告訴我，就是在她出門工作的期間，我那白嫩的嬰兒肌膚因意外，而被滾水燙得燒紅。她急忙哭著帶我趕去醫院，並發誓再也不要爬那些階梯。祖母那時應該仍在世，即使我對她沒有任

何印象，但聽說她一生都跟著飽受戰後之苦的男人過活。在祖父嘗試以酒精麻痺自己的不幸時，母親則在靜默中服下無數的苦藥方，直到她終於完成了那時女人的職責——生出兒子。

而我卻對這段過往，沒有任何一絲記憶。

我依稀記得，祖父會將報紙層層堆放整齊，也收集空瓶罐，並裝成一袋一袋提到街角小店，換成蜂蜜浸製的甜薑餅或袋裝的膨化米，在拜訪他時會被當作禮物送給我。

我會跑過起伏的山路，到離祖父家不遠的遊樂場，跟同樣住在附近的表親玩耍。而

當我邊哭邊帶著膝蓋擦傷回來時，他會徒手替我擦去血汙，拿出抽屜裡的糖果給我。即使父親偶爾會談及自己充滿飢餓的童年——無法支付米糧，只能吃麵吃到厭煩，我仍不太瞭解那種程度的貧困有多嚴重。

在祖父去世後，我們將他的骨灰灑入河川，據說那條河一路流向，或者流自，北韓。河水因此蘊有他北方家鄉的味道，父親便祈禱祖父之靈能於此地安息。他為祖父的一生感到悲哀，祖父那雙空洞又悲傷的眼睛，總留在腦海裡揮之不去。父親獨自一人在黑暗中為喪父之痛哭泣，儘管過了許久，那雙眼仍然清晰可見、歷歷在目。

父母夜以繼日地工作。父親充滿幹勁，奮力往成功邁進。母親則背著嬰孩，又拆又裝一盒盒的衛生棉樣品，低價再售給醫院人員或當地的朋友。母親將賺來的錢，拿來支付我的鋼琴課和英文家教，因為我曾說過，自己總有一天要到美國去。父母的事業一路成長，他們辛勤的勞動終於有了收穫。貧窮留在父親臉上的陰影，逐漸淡化；母親修過甲的的柔嫩雙手，則變成了汙垢的家。塵土推積在他們的指甲之下，汗水流過他們彎曲的背脊——這也代表著家境的轉變。

祖父過世後不久，我們舉家搬到環境更好的公寓，終於有更多的房間和衛浴能使用。廚房配有人造大理石的檯面，以及從地板延伸至天花板的大儲藏櫃，裡面塞滿了好多盒麥片和麵條。不同以往，地板是如此光亮，生計也變得如此輕鬆，但我知道，這些成功的轉變多數來自父親的辛勞。他曾想要幫助祖父擺脫困境，甚至想重新住在一起。他知道自己只差這麼一點點，一切就能成真了。

父親會在夏季吃北方特色的冷麵。我們都去同一家老餐廳，脫鞋並盤坐在同樣的老位子。在通往廁所的樓梯旁、老位子對面的牆上，貼著一張壓膜的A4卡，寫著「請看好您昂貴的鞋子，本店一概不負責」。

我亮紅色的烤花皮鞋和名牌運動鞋上，總會疊放著父親破舊的鞋。就算點著同樣的老東西，他的視線也不會離開鞋子。一份辣拌冷麵（*bibim naengmyeon*）給我，四份粉色冰湯蕎麥麵（*mul naengmyeon*）則給其他人。父親偶爾也會點幾道泡菜口味的北方餃子，並用同樣空虛、深情的老方式，將牛肉冰湯喝得乾淨。他時常問我想不想嘗嘗看，但我總害怕噎到而嚼不好麵條，也無法用自己未受開化的舌頭、嘗到

任何一點味道。但就算乏味平淡，也嘗起來充滿情感。

我和父親共享同樣的鄉愁，迫切渴望回到曾經的歸屬，我不確定這是詛咒，亦或是祝福。我沿著遺忘的小徑追溯過往，像迷途幽魂尋找一個家擁抱。最終，記憶裡的街巷變得熟悉，能夠一路尋向源於北方的根。我終於能拼湊出完整的拼圖，找出思念是如何形塑了父親，也如何造就了我。

總能在喧鬧的市場一隅，找到同一家老餐廳，我備感寬慰。餐廳自一九六七年開始由同個家族營運，撐過區域經濟成長的壓力，開業至今。這是首爾少數我能夠與父親有所連結之處，他那晒成褐色的平滑臉龐、在餐桌上開的粗魯玩笑，餐廳依然緩緩向我述說這些故事。

四季輪轉，一切不復原樣。然而，空中的氣味依舊可口，摻有刺鼻的芥末與醋味。舌上的味蕾記得所有微小的事物，正是這些事物顯示了，此處平凡卻又如此獨特。而現在我知道了，這地方也對父親述說著故事——關於祖父與他失落已久的，家鄉的故事。

粉色冰湯蕎麥麵
Buckwheat Noodles in Icy Pink Broth

如果辣拌冷麵（見188頁）是熱情洋溢又意氣風發的外向者，那麼我覺得，粉色冰湯蕎麥麵便是文雅端莊的內向者。外型樸素，富有彈性的蕎麥麵浸透於冰涼的肉湯；如半融化的冰河，是韓國炎炎夏日的救贖，只要飲下它透心涼的湯水，口渴與燥熱便不復存在。

依據傳統作法，會將牛的前胸肉和小腿肉混合燉上數小時，再加上牛骨提升湯頭的厚度，然後小心地將浮油取出以保持湯的清爽，最後倒入蘿蔔水泡菜的湯汁來平衡滋味。其酸味和發酵的泡沫讓整體變得獨特，可以依據個人喜好，在上桌後加入芥末與醋來添上辣味。湯會喝起來十分清爽，也出乎意料地平淡。

這道料理通常要幾日的功夫才能完成，因此不常在家自製；在韓國，去到外面的餐廳買，其實會更便宜。

這道食譜並非以上的傳統作法，而是相對簡易的改良版，能輕鬆解決夏季對冰涼的渴求——當然，一定要準備好水泡菜。

水泡菜（見83頁）需要五日才能發酵到好，而粉色醃蘿蔔（見90頁）則需幾日的醃製才會形成不錯的酸味。將湯放入冷凍至部分結冰，即可上桌。

亞洲超市或網路上都能買到冷麵麵條；最好先用剪刀剪斷再吃，因為它非常彈牙、難以咬斷。如果找不到冷麵麵條，日式蕎麥細麵是很合適的替代食材。

二人份

250毫升的冷水
3大匙的蘋果醋
1大匙的Yondu調味醬
1茶匙的英式芥末
250毫升的水泡菜（見83頁）
　的湯汁

配料
80克的粉色醃蘿蔔（見90
　頁）
1顆全熟蛋，剝皮並切半

增添風味
2份冷麵麵條
烤白芝麻籽

在冷水中加入醋、Yondu調味醬、芥末和水泡菜的湯汁，攪拌均勻。裝進保鮮盒，放入冰箱冷凍幾小時，直到部分結冰為止。如果沒有冷凍層，也可以冷藏。

在上桌之前，準備好配料；現在也是煮蛋的好時機。

裝好一大鍋水，根據包裝指示煮好麵條。冷麵麵條很容易煮太爛，記得留神一下。煮好後，小心地瀝乾麵條，放入流動的冷水中以手刷除麵粉。接著完全瀝乾，再把麵分裝成兩碗，並放上醃蘿蔔和切半的蛋。最後加入冰涼的湯，灑上烤芝麻點綴即完成。

Noodles 麵食   185

冷麵

茄子涼麵
Chilled Noodle Soup with Charred Aubergine

Gaji Naengguksu

對某些人來說，冷湯麵可能聽起來有些奇怪和陌生，但在韓國，夏季相當炎熱，溫度高達30度，也非常潮溼。而冰涼的冷麵，正好能緩解在如此時節的疲憊身心。

　　這道食譜的湯底是由乾海帶熬成的簡單清湯，只會輕微調味，以保持其清淡又爽口。可口的煙燻味茄子經過辛辣的醬油醃製後，在溫和的湯中併發出刺激的風味與微苦口感，與冷湯和軟麵條形成強烈對比──也很值得嘗試單吃茄子。

　　我喜歡使用素麵，其清淡的特質和中性的味道，適合搭配其他食材。若無，可以嘗試以蕎麥麵代替。

將湯底的所有食材都混合進罐子或瓶子裡，並冷藏待用。

若想要湯底冰涼且呈現半融化的口感，就要在上桌前30分鐘，將湯放入冷凍。

預熱煎鍋。在切好的茄子上刷一點油（我只會刷一面），再以少許鹽調味。將茄子每面煎3至4分鐘，直至茄子軟化並呈現焦痕。可能會需要分批煎茄子。將茄子放入大攪拌碗中，蓋上鍋蓋，蒸個10分鐘──口感會更鬆軟。再加入茄子的其他食材。輕輕混合攪拌，並靜置10分鐘以好好醃製。

依照包裝說明煮麵。然後沖洗煮好的麵，以去除澱粉，再澈底瀝乾。將麵條與醃製好的茄子分裝成四碗，輕輕倒上冰涼的湯──每碗約160毫升。上頭撒上紅洋蔥、蔥與芝麻籽，即可上桌。

四人份

650毫升的快速高湯（見219頁）
1茶匙的粗黃砂糖
1茶匙的湯醬油或生抽醬油
1茶匙的海鹽片
2茶匙的蘋果醋

茄子

2根茄子，大約重700克，切成1公分厚的圓片
1大匙的植物油，刷抹於茄子上
海鹽片，依個人偏好適量
2茶匙的薑絲
1顆蒜瓣，剁碎
1根鳥眼紅辣椒，切碎
1跟鳥眼青辣椒，切碎
2大匙的蘋果醋
2大匙的味醂
1大匙的細黃砂糖
1大匙的醬油
1大匙的烤芝麻油
½ 茶匙的韓式辣椒片

麵條

4份素麵
½ 顆紅洋蔥，切成薄片，浸泡於冷水中10分鐘
2根蔥，切片
1茶匙的烤白芝麻籽

辣拌冷麵 Spicy Cold Noodles

在炎熱的天氣中，我會迫不急待地想吃辣拌冷麵，好舒緩隨著氣溫升高而產生的倦怠，以及暴躁的情緒。這道菜起源於北韓的濱海村莊，會冷食地瓜粉製成的細麵條，並澆上一匙深紅色的醬汁來提升風味。其辣味來自大量的煙燻辣椒片，口味明亮且大膽，但嘗起來令人愉快，與香甜、果味的韻味相互平衡。

　　醬汁應該提前做好，辣椒片需要時間膨脹以吸收風味，而蔥蒜在冷藏中發酵也會變得更香醇。每一批的量約為240克，比兩份的所需還多；剩餘的部分可用於炒菜或作為任何辛辣燉菜的基礎。將其存放於密封容器中，可以在冰箱中保存約7日。

二人份

醬汁

1大匙的紅糖
2大匙的醬油
1茶匙的薑片
60毫升的水
2.5 x 4公分的乾海帶片
40克的亞洲梨，去皮去心，
　　粗略切碎
¼ 顆洋蔥，粗略切碎
2顆蒜瓣，剁碎
30克的韓式辣椒片
2大匙的蘋果醋
2大匙的烤芝麻油
1大匙的蜂蜜
1茶匙的海鹽片

配料

60克的粉色醃蘿蔔
60克的黃瓜，切成條絲狀
¼ 顆的亞洲梨，去皮去心，
　　切成薄片（非必要）
1顆全熟水煮蛋，切半

增添風味

1大匙的烤白芝麻籽
2份的冷麵麵條
160毫升檸檬口味飲料（像是
　　七喜或是雪碧）

將糖、醬油、薑、水和乾海帶混合入小鍋中，以製成醬汁。應慢慢燉煮，而非煮沸，再輕輕煮15分鐘，直到糖完全溶解，提取出乾海帶的風味。完成後關火，丟棄乾海帶，待其冷卻。

將蘋果、梨、洋蔥和大蒜放入料理機，然後添加冷卻的醬液（包括薑片），攪拌至光滑的泥狀。加上韓式辣椒片、醋、芝麻油、蜂蜜和鹽，再好好攪拌一次。移到密封容器中冷藏至少1小時，但三日則能最理想地深化風味。

將配料的食材準備在一旁待用。以杵與研缽輕輕研磨芝麻。

將一大鍋水快速煮沸，再依照包裝說明煮麵條。冷麵容易煮過頭；只要見到起泡就代表麵條熟了。小心瀝乾麵條，以冷水沖洗幾次，並用手輕輕搓揉以去除澱粉。

澈底瀝乾水分後，將麵條分成兩碗，舀入醬汁（一碗約4至5大匙的量），再加入配料。最後配上芝麻粉，以及檸檬口味的飲料。食用前，要先澈底混合碗中食料。

韓式炒碼麵　Spicy Seafood Noodle Soup

韓式炒碼麵和炸醬麵一樣，都是最受歡迎韓式中餐料理。多年來，人們都認為炒碼麵是中國移民首先引進日本，後來才傳入韓國的。然而，還有另一種說法，認為這道菜是源自於中國的炒碼麵，主要由在韓經營餐廳的山東移民開發的。儘管最初這道菜的外觀並不鮮紅也辛辣，但據說為了更適應韓國對辣味的鍾愛，改成以韓式辣椒片而備受喜愛，並被稱為我們現在所熟識的*jjamppong*（韓式炒碼麵）。

　　湯頭只以辣椒片和醬油調味，帶著微微上升的辣味，使鼻子感到刺激、發癢，蔬菜和海鮮的甜味也給予這道菜清涼的深度，平衡了風味。炒碼麵的味道非常複雜，實際製作卻相當簡單。我會以蝦子的殼和頭製作湯底，再添加雞湯，若想節省步驟，可以直接使用雞湯；如果冰箱裡沒有自製的雞湯，商店買來的優質雞湯也非常合適。

　　在這道菜中，蔬菜需要充分翻炒，以增強和釋放風味，如此加入高湯時，就不會太過稀薄。新鮮素麵最適合這道料理（若能買到），也儘量不使用太細的乾麵。又或者，省略麵條不用，直接與炒飯搭配上桌──韓國的中餐廳很常會這麼做。

若有需要，請將清洗過的蛤蜊和淡菜浸泡於高濃度的鹽水中。丟棄所有保持開啟的貝類。可以請魚販幫忙處理魷魚的內臟並清潔，完成後就沿著縱向切成兩半鋪平，在內部劃花刀，切成一口大小的片狀。再來將蝦子去殼去尾，並挑除其背部的黑線。保留蝦殼與蝦頭，用於製作高湯。將準備好的海鮮都放入冰箱待用。

在小平底鍋中以中火加熱植物油，放入蝦殼、蝦頭、洋蔥和薑片，煮5分鐘至蝦變色，並時常攪拌以防止沾黏。用木勺的背面或馬鈴薯壓泥器按壓蝦頭，使其釋放風味。小心加入水，洗鍋收汁，再添加乾海帶。小火慢燉30分鐘，需偶爾刮除浮渣。時間到之後，以細篩網過濾蝦湯至乾淨的鍋中，與雞湯混合，總共會有大約800毫升的湯量。最好保持高湯溫暖而不沸騰，如此才能比冷水更好地提取蔬菜風味。

→

二人份

200克的蛤蜊
200克的淡菜，擦洗並去除毛
80克的魷魚，清洗
6隻新鮮生蝦，帶殼

湯底

½ 大匙的植物油
½ 顆洋蔥，粗略切碎
1茶匙的厚薑片
550毫升的水
2片5 x 7.5公分的乾海帶
500毫升的雞湯

蔬菜

2根蔥，蔥白與蔥綠分離
2大匙的植物油
1大匙的紫蘇油
4顆蒜瓣，剁得細碎
3片大白菜，切成一口大小
　　的大片狀
80克的櫛瓜，切半再縱向
　　切片
30克的紅蘿蔔，切成條絲狀
¼ 顆洋蔥，切成薄片
1½ 大匙的韓式辣椒片
2大匙的生抽醬油
¼ 茶匙的白胡椒粉
海鹽片，依個人偏好適量
2份素麵

同時間，粗略切碎蔥白，蔥綠則切成5公分的條狀，再斜切成薄段。將蔥綠浸泡在冷水中5分鐘，以去除其刺激性的口味，並沖洗掉任何黏液。完成後放置一旁待用。

將所有食材準備好，放在一旁方便取用，接下來的烹飪過程會相當快速。

在炒鍋中以大火好好加熱植物油，馬上加入紫蘇油、蔥白和大蒜，用力攪拌以釋放蔥蒜的香味而不燒焦（此過程不應超過30秒）。香氣開始四溢後，加入大白菜（napa cabbage）、櫛瓜、紅蘿蔔和洋蔥片，保持大火炒5分鐘。若鍋內溫度太高，可以加入一點水，這也有助於吸取蔬菜（尤其大白菜）的水分。時間到後，添入韓式辣椒片，繼續炒2至3分鐘。

沿著鍋邊倒入生抽醬油，拌入白胡椒與高湯，快速煮沸後，再添增蛤蜊、淡菜、魷魚片和蝦子。3分鐘後，海鮮應該就會熟透。丟棄所有閉合的貝類，並試一口嘗味，有需要就以少許鹽調味。

與此同時，依包裝說明煮麵條。將麵條分入兩個碗中，淋上熱湯，確保每碗都有大量蔬菜和海鮮，最後點綴漂亮的蔥段，並熱騰騰地上桌享用。

辣味番茄刀削麵
Knife-Cut Noodles in Spicy Tomato Broth

Jang Kalguksu

韓國人似乎格外在意天氣，日常飲食都會隨之更動。在不怎麼愉快的寒冬或是潮溼的雨季中，我們會傾向選擇具有 *kal-kal-han mat* 的湯菜來暖活身子，這種特性可以大致翻譯為「刺激喉嚨的熱感或口感」，並不是一種味道，而是藉由身體所感受到的味覺或口感。

這道鮮為人知的麵食料理，是刺骨凜冬的完美救贖。起源於南韓的東北部山區，那裡的地形多為山地且氣候較為寒冷，難以耕種。但即便生活在有限的環境下，當地人仍會適應並利用這些元素，以生產各種發酵緩慢的醬料，創造出令人難以置信的深度風味。

其簡單的湯底經過發酵辣椒醬的調味後，散發出強烈的辣味，但很快會逐漸變成更圓潤、豐富的鹹味，賦予這道菜絕佳的風味。

我會選擇不依照傳統，加入番茄，以激發風味，並配上不常見的炸韭蔥作為裝飾，添增一層微妙的微苦鮮味。番茄甜美又溫和，其酸度與辣椒很是搭配，能夠帶來一絲清新口味，非常美味！

製作過程相當簡單，但確實需要一些時間和事前計畫。我覺得，提前做好麵糰並前一晚準備部分食材，會很有幫助，讓整道料理製程變得不再艱難。

將兩種麵粉和鹽都放入大攪拌碗中，在中間挖出一個洞，慢慢倒入水和一大匙的油。用筷子或木勺的長柄，將乾溼食材攪拌混合，直到形成類似粗糙的麵包屑的狀態。輕輕揉捏5分鐘左右，將麵包屑聚集成麵糰，別擔心部分地方仍顯粗糙，短暫休息過後就再次搓揉。將麵糰放入可重複使用的塑膠袋，或以包鮮膜包裹起來，靜置於室溫10分鐘。

10分鐘後回來，將麵糰放置在穩固的表面上再次揉捏，以掌根用力按壓拉伸，持續到麵糰變得柔軟，表面呈光滑，可能會需要大約10至15分鐘。再以可重複使用的塑膠袋，或以包鮮膜蓋住，冷藏至少1小時，最好一整晚。

與此同時，請依照220至221頁的說明準備選擇的高湯。完成後，將高湯以細篩網過濾進足夠大的鍋中，會需要1.2公升。放置一旁待用。

→

四人份

麵糰（麵線）
125克的中筋麵粉，額外的部分用來撒粉
125克的高筋麵粉
½ 茶匙的細海鹽
110毫升的水
1大匙的植物油

湯頭
1.2公升的昆布蘑菇高湯（見220頁）或鯷魚高湯（見221頁）
300克的成熟番茄，去皮並切成四塊

調味醬
2大匙的韓式辣椒片
1大匙的味醂
2大匙的醬油
4大匙的韓式辣醬
1大匙的韓式大醬
1大匙的魚露
3顆蒜瓣，剁碎

增添風味
3大匙的植物油
40克的韭蔥，切成條絲狀
4大匙的 *gim jaban*（海苔碎）
1大匙的烤白芝麻籽，稍微磨碎

在準備擀麵糰之前，先提前30分鐘從冰箱中取出麵糰。將麵糰分成兩半，如此便能輕易操作。在工作檯輕輕撒上麵粉，將麵糰擀成約2至3毫米厚的片狀。過程中會需要輕輕撒點麵粉，摺疊前則要大量撒上麵粉，確保麵糰片不沾黏。將麵糰片三折，像在折一封信。將其切成約5毫米厚的條狀，再輕輕拍動展開來，甩掉多餘的麵粉。對第二塊麵糰重複此過程。製作完成後，將麵條放上寬大的盤上，蓋上茶巾冷藏待用。

在一個鍋上以中火加熱剩餘的植物油，把韭菜煎炸至金黃酥脆，放上鋪有廚房紙巾的盤子，保留一旁待用，油也預留至下一步使用。

將韓式辣椒片放進同個鍋中，以小火加熱，不斷攪拌防止燒焦。大約半分鐘後會辣椒片會開始膨脹、起泡，並散發芬香，這時便可關火，添入味醂、醬油、韓式辣醬、韓式大醬、魚露和大蒜，充分混和後放置一旁待用。

在裝有過濾高湯的鍋子開小火，慢慢燉煮並拌入剛做好的調味醬，煮至沸騰後放入番茄，再燉煮約20分鐘，直至番茄在湯中軟化。試一口嘗味，若有必要就加入少許鹽調味。接著調高火量使其快速沸騰，抖掉麵條上的多餘麵粉後，直接放進高湯煮，攪拌一兩次，幾分鐘後就會煮熟了。

準備完成後，將麵條分入四個深碗，淋上熱湯，點綴炸韭菜、海苔碎和芝麻籽，即可熱騰騰上桌享用。

韓式炸醬麵 Black Bean Sauce Noodles

Jjajangmyeon

炸醬麵作為相當受歡迎的韓式中餐菜餚，在韓國是最方便取得的外賣料理。每座城市和每個街區都會有自己的專賣餐廳，將光滑的麵條覆蓋上充滿光澤的肉醬，提供一碗宜人又令人舒適的美食。其光亮的黑色醬汁帶有明顯的甜味，夾雜著發酵豆豉醬的可口鹹味，使風味留存嘴中，唇齒沾滿黑色油光，舌上的味蕾則忍不住再回來品味一口，完全令人欲罷不能。

　　甜味蔬菜在這道菜中扮演著至關重要的角色，能夠平衡豬肉的豐富口感與鹹味的春醬（*chunjang*）——由發酵大豆製成的韓式黑豆醬，可以在亞洲超市或網路上找到。

　　生食春醬時，除了能嘗到明顯的鹹味之外，還會感受到其微微的苦酸味，所以建議在開始前先將春醬以油煎炸，以中和並帶出更圓潤的風味。

將植物油與春醬放入炒鍋中，以小火慢慢加熱，不斷攪拌約3分鐘，直至表面開始冒泡，這時會散發出醬的濃烈氣味。完成後，分離醬和油——應該會有約2½大匙的的油。將兩者放在一旁，油稍後可用來煮洋蔥。

將鍋子擦拭乾淨，加熱預留的油，拌入切片的蔥白，以中火煮1至2分鐘，直到香氣四溢。再來加進大蒜、薑、豬肉和適量的鹽，炒約3分鐘以使豬肉褐化，同時用力移動炒鍋，防止蔥蒜燒焦。豬肉呈現褐色後提高火量，添入洋蔥，以大火炒約2分鐘使其軟化與焦化——洋蔥仍保有一點嚼勁而不軟爛。將高麗菜和櫛瓜放入鍋中繼續煮3分鐘，或直到蔬菜軟化為止。

拌入糖，並小心沿著鍋邊倒入醬油，為洋蔥調味。再倒進預留的春醬和蠔油，繼續用力攪拌，使醬與洋蔥混合。

幾分鐘後，洋蔥就會沾滿黑色醬料。加入高湯或水，煮沸後調小火量，煮5分鐘。

與此同時，將一大匙的水和馬鈴薯澱粉混合製成糊狀物。保持一旁的火量微弱，並逐漸加入糊狀物進入鍋中，稍微稠化醬汁——我認為大約2茶匙的量，就足以達到肉醬的稠度。煮1至2分鐘，讓一切都融合。試一口嘗味，可加少許鹽和糖來調整口味。

依照包裝說明煮麵。將麵條分裝入兩個碗中，淋上溫熱的春醬，再點綴黃瓜絲、水煮蛋和少許辣椒片（非必要），即可上桌。

二人份（大份）

4大匙的植物油
4大匙的春醬
2根蔥，只用蔥白，切成薄片
2顆蒜瓣，剁碎
½ 茶匙的薑末
150克的豬肩肉或豬五花，
　切丁
70克的櫛瓜，切丁
1大匙的粗黃砂糖
1大匙的醬油
2大匙的蠔油
250毫升的溫雞湯或水
1大匙的水
1茶匙的馬鈴薯澱粉
2份素麵

增添風味

60克的黃瓜，切成絲狀
1顆半熟水煮蛋，切半
1小搓的細辣椒片（非必要）

海鮮麵疙瘩 Hand-Torn Noodles in Clam Broth

若說熱騰騰的晶瑩白飯是日常的平凡喜悅，麵條便是週末生活的驚喜，讓我們以忙碌的雙手度過慵懶的週日。身前的電視機播著沉悶的日間電影，父親在令人昏昏欲睡的滴答雨聲中搓揉麵糰，母親則守在熱氣騰騰的燉湯旁，被海洋的香氣所圍繞著。柔軟又帶嚼勁的麵糰漂浮在鹹甜的鮮味湯汁中，馬鈴薯輕輕融入湯中，使其變得像奶油一樣濃稠。猶如枕頭般舒適，為寂寞的胃帶來飽足與溫暖，讓人想沉入沙發，進入一場漫長的午睡。我想不出還有什麼比這個，更適合下雨天的計畫了。

這道食譜中使用義大利麵粉或許有些奇怪，但他含有與韓國麵粉非常相似的蛋白質，使義大利麵粉成為理想又易取得的替代品。

雖然在更傳統的做法中，會將麵糰撕成小薄片到湯中，但我覺得這種製作方式不怎麼可靠，除非動作非常快，不然在完成麵糰之前，第一批麵條就會浮起來。為了修正這個問題，我會選擇將麵糰粗略切成相當寬的麵條，然後提前撕碎，或直接放入湯中。

二人份

麵糰（麵線）

160克的義大利麵粉，額外的
　部分用來撒粉
40克的馬鈴薯澱粉
⅓茶匙的細海鹽
3大匙的熱水
1大匙的植物油

蛤蜊湯

900毫升的自選高湯（見219
　至221頁）
1大匙的湯醬油或生抽醬油
1顆蒜瓣，剁碎
¼顆洋蔥，切成薄片
100克的櫛瓜，縱向切半，再
　切成半月狀
150克的馬鈴薯，切成類似櫛
　瓜切法的形狀
500克的蛤蜊，清洗乾淨

增添風味

1根蔥，斜切成片

搭配Dadaegi辣椒醬（見225
　頁）上桌

將兩種麵粉放入大攪拌碗中，加鹽和熱水攪拌溶解。在麵粉中挖出一個洞，小心倒入熱鹽水和油。使用筷子或木勺的長柄，將乾溼食材攪拌混合，直到形成類似粗糙的麵包屑的狀態。輕輕揉捏5分鐘左右，將麵包屑聚集成麵糰，若有必要可以加一點水，別擔心部分地方仍顯粗糙，短暫休息過後再次搓揉。將麵糰放入可重複使用的塑膠袋，或以包鮮膜包裹起來，靜置於室溫10分鐘。

10分鐘後回來，將麵糰放置在穩固的表面上再次揉捏，以掌根用力按壓拉伸，持續到麵糰變得柔軟，表面呈光滑，可能需要約10至15分鐘。再次蓋上麵糰，冷藏至少1小時，最好可以一整晚。使用前30分鐘要從冰箱中取出麵糰，使其恢復至室溫。

開始準備麵疙瘩，將麵糰分成兩半，如此才方便處理。將第二塊蓋好防止乾燥。在工作檯上輕輕撒點麵粉，將第一塊推壓成5毫米厚的片狀，過程中記得撒些麵粉。接著處理第二塊。將兩片都切成寬4公分的條狀，再大致撕成一口大小的麵疙瘩，並暫時以茶巾蓋住。

將選擇的湯放入厚底的大鍋中煮沸，調低火量，加入醬油、大蒜、洋蔥、櫛瓜和馬鈴薯，慢慢燉煮10至15分鐘，直至蔬菜軟化。

將火量調高，放入蛤蜊和麵疙瘩，一邊攪拌約一兩次，燉煮幾分鐘直到蛤蜊和麵疙瘩都煮熟（麵疙瘩煮熟會浮起）。丟棄所有未開殼的蛤蜊。

把麵疙瘩分裝入兩碗中，確保每份都有大　一旁可以附上Dadaegi辣椒醬來享用。
量的蛤蜊和蔬菜，撒上蔥裝飾後即可上
桌。

Sweet Treats
甜品

eight

that bittersweet sugar in my throat
苦澀又甜美的糖香，留存於喉間

自從父母的生意逐漸扎根、發展之後，母親就很少做飯了。因此，我的回憶——童年的滋味——不再留存於我們所居住的屋子裡，而是在外出用餐的地方。每週訂幾次披薩，或是在附近餐廳用晚餐，還要更方便許多。

我們住在緊鄰漢江的公寓裡，有兩間半的臥室，剛好坐落於首爾的新興地帶。父母因為能擁有一間高樓公寓，相當自豪。當時沒有人認為這個區域會經歷都市計畫的改造，但母親的直覺顯然相當敏銳——也準確無誤。這一帶曾經只遍布著大大小小的工廠，如今卻成了連結城市各地的樞紐；高

聳的新大樓改變了天際線，水泥地則被群樹與木凳環繞的遊樂場取代。從陽台向外尋找星星，卻只看見起重機高掛於夜空中閃爍燈光，緩緩建造著高樓大廈與百貨公司。

我們有了一座現代化的廚房，配備著天然氣爐灶與高大的冰箱。

我也有了自己的臥室，裡面放有一張西式床鋪，以及全新的電腦。房間裡布置整齊，書桌和牆等長，窗戶面對著豪華的公共電梯。我在有點走音的老鋼琴上，花費了數小時練習，夢想有一日能進入美國的音樂學校——據說我們遠房的表親就住在那裡。我獲准養了

兩隻倉鼠，讓牠們在小轉輪上日夜奔馳；而父母也一樣，整日努力工作，直到深夜才能回家。牠們的雙眼在黑暗中閃爍紅光，差一點把我嚇壞，除非母親將牠們移走，否則我都不會回到自己的房間。

家中每個人漸漸變得獨立自主，能夠好好照顧自己，事業也蓬勃發展，為我們帶來更好的生活。身為長姊，我必須在父母外出工作時，照顧兩個弟妹，如同父親過去那樣，卻也有所不同——我覺得自己因而變得更成熟，但也想和朋友們出去玩樂，體驗真正有趣的事，享受自由的感覺。

我時常看見父親疲倦又

充滿壓力的面容，母親也不再有時間削蘋果，切下如蛇形一般的紅色果皮。相反地，冰箱裡擺滿了冰淇淋，且從未空蕩過，以彌補他們不可避免的缺席。我知道他們所做的一切都是為了我們，不會懷恨在心，但有時候，我希望情況能有些不同。

即便父親總是堅持，沒有一碗熱騰騰的飯或麵，稱不上是一頓飯，但父母還是張開了雙臂歡迎，在九〇年代於首爾快速崛起的連鎖麵包店和餐廳。藍色的霓虹招牌上寫著Paris Baguette，裡頭販售各種夢幻般的蛋糕，上面鋪滿了新鮮奶油和草莓塊。週末時，一家人會去好事多（Costco）參觀這嶄新的世界，貨架上滿是各類進口商品，來自彼此從未到訪過的遙遠異國。我們曾去過TGI Fridays一兩次，只為嘗試電視上出現過的新奇事物，但我們都不知道該點什麼，好在父親不怕丟臉，開心地向年輕又時髦的店員請教，才讓晚餐有了著落；如此，他的孩子才能舒適地適應更有文化的社會，而不是一直待在他所出生長大的渺小世界中。

父親很驕傲，能夠從好事多買到一台美國的烤三明治機。我們用牛奶麵包做出完美的三明治，沾上花生醬和果醬來享用。週日則會一起去63大樓看IMAX電影。我們在新開幕的美食廣場，吃光一整桶肯德基炸雞和薯條，父親則獨自溜到對面一家時髦的日式烏龍麵店，因為他不怎麼喜歡炸雞。然而，他很喜歡肯德基那搭配上甜味草莓醬的奶油餅乾，所以我們帶了一袋回家。如蠟一般的餅乾屑很黏牙，但我不在乎，只想用舌頭把所有果醬都舔舐乾淨，讓甜膩的滋味保留在口中。

那時的我，總會是以包有奶油的新鮮麵包取代米飯，也會在學校餐廳吃著口感滑順的花生醬三明治。只要我喜歡，可以連續吃個五天都不膩，彷彿也品嘗到了來自遠方的自由——所有的味道都如此濃郁強烈，充滿各種令人興奮的可能。

即便這個家庭年輕又有抱負，生活卻開始陸續出現問題。小小的成功帶來了更大的機會，但也吞噬了更多的家庭時間。父親並未意識到，我已是一名青少年，進入賀爾蒙飆升的成長階段。我有著與他不同的未來藍圖，他希望我去法學院讀書，而我只想寫詩作畫，講述自己對生命所渴望的故事。

我與父親隔閡越來越深，兩人都無法接受彼此之間的分歧。為了抗議，我長達半年不與他同桌共食，難以原諒他明作為父親，卻對自己的女兒如此殘酷而強硬，試圖想將內心的框架束縛在我身上。然而，他也是教導我們要好好享用一餐的父親。正是他告訴了我，能夠一起享用美食，便是真正的幸福。奇怪的是，我如何能為此而深愛著他，卻時不時在這段充滿傷痛的回憶中掙扎不已。

他在我對未來的想望中，感到有所背叛。我是如此固執又任性，他卻因為無法好好「掌控」自己的女兒，而苦苦掙扎著。

在女兒出生後，我仔細思考了責任的意義。我潛入深海，被那些沉重、嚴肅的話語壓住胸骨，而遭到淹沒。菲利普·拉金（Philip Larkin）的詩作〈這就是詩〉宛如一張壞掉的唱片，反覆在腦海播放著。我不想搞砸與琪琪之間的情感，也不想傷害她，我想讓她知道，我會無條件地擁抱她原本的模樣，竭盡所能不讓自己過去的輝煌或傷痕，影響到她的成長。

後來我才發現，當我出生時，母親正要滿二十一歲，而父親才剛二十五歲。如此年輕就要承擔起為人父母的責任，同時還要追求個人成功，好讓所有人都能過上好日子——想必他們在某些時後，也會感到不知所措、徬徨不安吧。

懷上女兒時，我回到了韓國的家，走在過去常常經過的社區街道上。距離上次重返，已有四、五年的時間，那時候還只是一個無憂無慮的年輕人。現在則成了懷著骨肉的女人，與一個生命共享著濃於水的血脈。我想讓未出生的孩子聞到，總是纏繞在我皮膚上的溼潤空氣，也想讓她品嘗，我過去常常喜歡從甜甜圈上舔下來的肉桂糖，是如此溫暖，如此熟悉。我向她保證，自己會像母親以前那樣剝除果皮，盡可能剝得薄又貼近果肉，以保存每一點好滋味。在飛回英國的前一晚，我坐在迷霧朦朧的水畔，撫摸著不斷長大的肚子，感到既害怕又興奮。我想保留下童年那些充滿苦澀又甜美的回憶，並希望未出生的孩子能深深感受到——這就是我的全部，而她的骨肉則屬於這裡。

糯米甜甜圈 Sweet Rice Doughnuts

這是韓國很流行的老派小吃，我認為他值得更多認可，奇怪的是，很少外國人聽過這道甜品。可能是因為不常見的「溼」糯米粉（*wet glutinous rice flour*）——由預先浸泡的米，新鮮磨製成的米粉。

　　傳統的作法中，溼糯米粉因能有效保留水分，能夠製作出更溼潤、有嚼勁，且更好保存的米糕，而成為最佳首選。然而，如今為了方便在家製作，也有更多採用乾麵粉的食譜出現。

做出20顆高爾夫球大小的球狀

250克的糯米粉
50克的中筋麵粉
½ 茶匙的泡打粉
½ 茶匙的蘇打粉
40克的細黃砂糖
½ 茶匙的細海鹽
30克的無鹽奶油，融化
80毫升的全脂溫牛奶
150毫升的熱水，大約80℃
植物油，油炸用

肉桂糖
2大匙的細黃砂糖
½ 茶匙的肉桂粉

將兩種麵粉、泡打粉和蘇打粉篩入大攪拌碗中，再放進糖和鹽。

在有倒嘴的耐熱壺中混合融化奶油和溫牛奶，以木勺或筷子攪拌，逐步加入熱水並持續攪拌，直到形成類似粗糙的麵包屑的狀態。請將此步驟分成幾次進行，因為實際操作中可能不需要這麼多水，也可能會需要用到更多。

麵糰冷卻到可以處理時，輕輕揉捏使食材混合，直至麵糰呈柔軟且表面光滑。

將麵糰放入可重複使用的塑膠袋或以包鮮膜包裹，靜置於冷藏至少1小時或一整晚。

靜置完成後，將其分成大小相同的四塊，以方便處理。一次處理一塊，將剩下的蓋住。把麵糰捏塑為長柱狀，分成5個高爾夫球大小的球狀。麵糰的質地可能會不太正常，也容易碎裂——無須擔心，只要用力擠壓麵糰就能塑形。

將糖和肉桂混入碗裡或有邊的烤盤中，並準備另一個盤子，在上面鋪廚房紙巾。

於適合油炸的鍋中倒入植物油，深度要足以淹沒麵糰，但不能超過鍋子的四分之三。將溫度加熱至160℃——若手邊沒有溫度計可以參考，一塊麵糰球在12秒內就會開始呈棕色。當溫度達到160℃時就關火，小心放入麵糰球，並確保鍋內不過於擁擠。關火2分鐘後，麵糰球就會開始移動並浮起來一點。

重新開火並將溫度保持在160℃，炸麵糰5分鐘，使用耐熱的篩子或撇除器將其輕輕壓下，防止浮起。5分鐘後就會熟透且呈金黃色，轉移至鋪有廚房紙巾的盤上吸取多餘的油，再以同樣步驟繼續處理剩下的麵糰球。

所有批次都處理完成後，趁熱裹上肉桂糖，並立刻享用。

Sweet treats 甜品

紅豆牛奶冰 Milk Granita with Sweet Red Beans

盛夏首爾，灼熱的陽光在城市裡肆虐，將皮膚烤得通紅、使臉頰發熱，前額也滿是汗水，這時只有一個東西能讓我靜下來：一碗堆得像一座山的剉冰——上面撒滿柔軟的紅豆，搭配嚼勁十足的米糕。一匙入口，如冷水浴般直擊喉嚨深處，皮膚跟著起雞皮疙瘩，手則下意識一口接著一口往碗內挖掘，渴望更多冰涼的救贖。人們常說*patbingsu*，與他人分享著吃最好吃，但我獨自站在廚房裡吃掉一桶，也非常快樂。

　　這道食譜的冰沙（*granita*）是以刨冰甜點的風味為基礎而製成，通常還會點綴上甜味煉乳。我從不製作複雜的甜點，因為我對甜點的口味不怎麼挑剔，所以這裡的食譜相當簡單，只要將所有液體食材混合，開始凝固時不斷攪拌以保持鬆軟即可。從櫥櫃深處取出罐裝紅豆，加入少量糖並慢燉，即可滿足我的食欲——我不介意如此輕鬆的製程。

將冰沙的所有食材混合入可冷凍的容器中，蓋上蓋子冷凍約1小時，或直到部分結冰晶。用叉子刮除邊緣和表面，使其產生碎冰，每半小時左右重複此步驟，持續約2小時，直至所有塊狀都破碎成泥狀。

與此同時，將紅豆、糖和水放入小鍋中以小火慢煮，充分攪拌並繼續煮約35分鐘，偶爾記得攪拌一下。時間到了以後，紅豆會開始破裂並軟化，但仍保持形狀。試一口嘗味，可以加入一點蜂蜜和鹽。紅豆應該帶有甜味，但不過於甜膩。待冷卻後，放入密封容器中冷藏。

將牛奶冰沙分入碗中，淋上甜紅豆。上頭點綴一兩顆酒漬櫻桃，並大量澆入糖漿——多餘的櫻桃可以用來製作雞尾酒。將一切混合在一起上桌，並立即享用。

四至六人份

冰沙
400毫升的全脂牛奶
300毫升的椰子水（coconut water）
200毫升的煉乳（condensed milk）
½ 茶匙的海鹽片

紅豆

2 x 400克的罐裝紅豆，瀝乾並沖洗
4大匙的細黃砂糖
200毫升的水
蜂蜜，依照個人偏好適量
海鹽片，依照個人偏好適量

增添風味
400克的酒漬櫻桃（我喜歡露薩朵品牌的）

花生鮮奶油麵包 Peanut Butter Cream Bun

這項甜品總會使我想起兒時最喜愛的兩種口味：舊食堂的花生鮮奶油三明治，以及*Paris Baguette*麵包店的奶油小圓麵包。這道食譜中，會將麵糰揉捏成柔軟的小圓麵包，非常適合搭配甜味或鹹味的餡料，尤其是作為早餐──在韓國，甜味的牛奶麵包通常會稱為「早晨麵包」（*morning ppang*）。

我不是專業烘焙師，當然也沒有太多技術，能夠製作精美的甜品；我能保證的是，這種麵糰很容易融合，而且相當美味（若使用攪拌機會更容易）。我特別喜歡在奶油中添加花生醬，帶來一絲鹹香味，與糖和鹽片互相平衡。花生鮮奶油麵包很適合作為美味的下午茶。

做出6塊

150毫升的全脂牛奶
40克的細黃砂糖
½茶匙的細海鹽
250毫升的高筋麵粉
50克的中筋麵粉，額外的部
　分用來撒粉
1茶匙的速發乾酵母
1顆蛋，輕輕攪打
40克的無鹽奶油，切塊並放
　在室溫

蛋液
1顆蛋黃
1大匙的全脂牛奶
1小撮細海鹽

花生鮮奶油
300毫升的重鮮奶油
100克的無鹽花生醬（有顆粒
　或柔滑的都可以）
4大匙的糖粉，額外的部分
　另外提供
海鹽片，依個人口味適量

將牛奶倒入小鍋中，輕輕加熱至60℃，隨後從爐灶移開，加入糖和鹽攪拌至溶解。

同時間，將麵粉和乾酵母混入攪拌碗中，慢慢倒進溫牛奶和糖，以木勺或筷子攪拌，再加入蛋混合。開始將其輕輕揉捏，形成粗糙的麵糰──大約會花上5分鐘。麵糰一開始會相當溼潤，但最終會凝聚在一起。我認為「拍打並摺疊」的技巧特別適用於成形麵糰，若不太熟悉這些方法，可以上網搜尋影片教程以學習。

一邊將塊狀奶油逐步加入麵糰中，一邊用力揉捏直至奶油均勻融入其中，大約需要10至15分鐘。麵糰的手感可能有點沾黏，但這完全沒問題。將麵糰揉成一顆大球，放入塗有少許油的碗中，蓋上保鮮膜，放置於溫暖的地方1至1½小時，直到體積膨脹兩倍。

在烤盤上鋪上烘焙紙。

麵糰發酵完成後，輕輕按壓中間以排氣，將其放在撒有少量麵粉的工作檯上。把麵糰大約分成相等的六塊，每塊重約60克。覆蓋剩下的麵糰，開始處理第一塊。將其形成一顆圓球──我喜歡輕輕折起麵糰邊緣，摺疊到中心，反轉過來，以塑造成表面光滑又柔軟的球體。重複以上步驟。將麵糰球放上鋪有烘培紙的烤盤，確保彼此間距均勻，覆蓋保鮮膜，再次於溫暖的地方發酵1小時，直到體積又膨脹幾乎兩倍。

將蛋液的所有食材都放入碗中混合。

將烤箱預熱至160℃。

→

Sweet treats 甜品

麵糰準備好後，輕輕於表面刷上蛋液兩次，每次之間要相隔幾分鐘，讓蛋液乾化附著。放置於烤箱中央烘烤18分鐘，直至呈閃耀動人的金黃色。完成後，小心放上冷卻架。

與此同時，將鮮奶油、花生醬和糖放入一個攪拌碗中，攪拌約3分鐘，以形成可以塗抹的濃稠度。拌入一小撮鹽調味；對我來說，大約¼茶匙就足夠。

麵包完全冷卻後，用鋒利的麵包刀從中間切開到三分之二的位置，蛋不要完全切斷。用非慣用手握住麵包以撐開切口，另一手舀入約2大匙的花生鮮奶油來填充。可以用小刀的平邊將邊緣刮平（適合使用刮鏟或奶油刀），撒上些許糖粉後即可享用。

鮮奶油布丁佐咖啡焦糖
Honey Panna Cotta with Instant Coffee Caramel

每年夏天，我都會用即溶咖啡做冰咖啡給母親喝。傍晚時分，母親下班返家，那時正值炎熱又潮溼的八月，日光低垂，漸漸變成柔和的一片金光。她淡粉色的臉龐顯得發熱，臉頰也相當紅潤。曾經見過好幾次，她喜歡以太妃糖棕色的咖啡來止住酷暑之渴；我會將一碗混濁的液體攪拌混合，雖然不知道嘗起來如何，但能夠依照棕色的深淺程度來判斷味道是否「正確」。母親站在廚房裡，直接拿起碗大口喝下，夕陽餘暉將她的臉照得溫暖，她留下了燦爛的笑容和難得的讚美，成為日後讓我細細品味的過往片刻。我知道這感覺起來很棒，但我從未真正瞭解，這對她意味著什麼，以及她當時作何感受。直到有一日，女兒遞給了我她的點心，並說道：「媽咪，這給妳。」

　　我從小就很喜愛咖啡的味道，還是青少年的時候，我獨自一人可以吃完一整桶哈根達斯的咖啡冰淇淋。我也會在夏季喝上許多冰咖啡，並常常想起母親也會如此；濃烈的苦澀味摻入大量的糖，以奶精染白了色彩，散發甜美與宜人的烤焦香氣。

　　這道食譜受到了我的回憶所啟發，會將鮮奶油加入即溶咖啡調味，搭配咖啡焦糖醬以模仿甜味與焦味。剩下的焦糖醬可以保存幾週，且非常適合淋在香草冰淇淋上。

　　中性口味的的蜂蜜是更好的搭配，能夠使鮮奶油更好承載咖啡的香氣。這是一道簡單的甜品，一再享用也不成問題。不過於甜膩，也不過於苦澀，正好讓我想起母親，以及在夏日的家鄉裡，所度過的每一個永恆瞬間。

　　你會需要用到4個150毫升的模具、杯子或相同容器。

先製作咖啡焦糖，在小鍋中加熱一半的鮮奶油和1大匙的即溶咖啡，不斷攪拌以使其溶解。溶解後，立即關火並加入剩下的鮮奶油混合，放置一旁待用。

將糖、水、萊姆皮與萊姆汁放入厚底鍋中，稍微搖動鍋子使糖完全浸泡於液體中，以中火煮沸，過程中無須過多攪拌。大約7分鐘後，糖應呈現金黃色。取少量至白色盤上檢查焦糖顏色（因鍋中的顏色看起來會較深）。關火，小心拌入待用的

咖啡鮮奶油；一開始可能會濺出來，所以要和鍋子保持一定距離。繼續攪拌至充分混合，加入適量的鹽來調味──不要加太多讓口味變鹹，加鹽是為了平衡味道並突顯甜味。完成後，放置一旁備用。

→

四人份

咖啡焦糖
5大匙的重鮮奶油
1大匙的即溶咖啡
100克的細黃砂糖
3大匙的水
1顆無塗蠟的萊姆，取碎皮
　　與榨汁
適量的海鹽片

鮮奶油布丁
2 x 2克的吉利丁片
225毫升的重鮮奶油
225毫升的全脂牛奶
55克的生蜂蜜
1大匙的即溶咖啡
植物油，塗油用
巧克力咖啡碎豆（非必要）

接著製作鮮奶油布丁。將吉利丁片浸泡於冷水中軟化。在一個小鍋中放進鮮奶油、全脂牛奶、蜂蜜和即溶咖啡，以小火加熱至微微冒泡，不時攪拌約5分鐘，直至蜂蜜完全融入。關火並待稍微冷卻，摸起來應該溫暖，但不應太燙或太冷，以讓吉利丁片正確凝固。

將吉利丁片從水中取出，擠出多餘水分後，放入溫熱的鍋中攪拌至溶解。完成後，透過細篩網置入乾淨的壺中。

稍微在四個自己所選的容器內部（模具、小咖啡杯或小烤盤）塗抹一點油，有助於將鮮奶油布丁倒放在盤子上（若不打算倒出來就無須塗油）。

在每個模具中加入1滿匙（大約15克）的咖啡焦糖，再輕輕於工作檯上敲打模具的底部，使表面分布均勻——多餘的焦糖可以存入密封容器中，冷藏保存兩週。將鮮奶油布丁平均分配至四個模具裡，待冷卻後覆蓋起來，冷藏至少4小時或一整晚。

上桌前，將模具底部短暫浸泡於開水中加熱，以鬆動凝結的布丁，然後小心倒置於盤子上——輕輕搖晃使其順利滑出。若有需要，可以添增更多咖啡焦糖醬，並點綴上巧克力咖啡碎豆。

薑母茶 Ginger Tea

當晨光升起，氣溫變得更冷，肺部一片清新，肌膚感受到涼爽，我便知道倫敦即將踏入冬季。空氣感覺潮溼，些許屋子的煙囪冒著煙。清晨仍然昏暗，點燃了蠟燭取光，留下一絲微弱的燒柴味。這時，我會開始慢慢燉煮熱粥，當作週末早晨的早餐，也會在床上與孩子緊緊依偎在一起，備感溫馨愜意。很快地，廚房變得溫暖，在燭光之下發出柔和與美麗的光芒。

每到這個時節，我都會在早晨渴望著這種茶——並非拌入牛奶的茶，而是辛辣的薑母茶，他能夠振奮精神，使體內感受到一股刺癢的暖流。甚至可以搭配一片檸檬以添增香氣。母親喜歡她自己泡的茶，在暖氣上烘乾小柑橘皮（或在家裡的地暖上），並隨時帶著一壺熱水，方便在冬天煮茶取暖。她走到何處，那裡就會瀰漫著柑橘芬芳，偶爾也帶有一點肉桂與薑茶的香氣。

薑味糖漿的製作耗時，但並不困難。薑母茶可以冷藏保存，但要克制自己不要太快喝完。薑最好以茶匙去皮，輕輕刮掉一層外皮。可以平紋細布或薄紗棉布來分離內肉和液體。內肉可以保存下來，完全浸泡於清酒後，可以用於烹飪——用已消毒的罐子儲存於冰箱中。或者在非常低溫的環境中脫水，然後磨成薑粉。

足以填滿500毫升容器的量

500克的薑
½顆的亞洲梨，去皮去心，切成大塊
100毫升的水
300克的粗黃砂糖
75克的生蜂蜜
1根肉桂棒，大約長5公分

以茶匙輕輕刮除薑皮，以冷水沖洗後粗略切片，連同梨和水放入攪拌機或料理機中，攪拌至光滑。

在碗上放細篩網，再將平紋細布或薄紗棉布置於網上，小心倒入薑泥，緊緊包裹並擠壓，盡可能擠出液體。收集完汁液後，丟棄薑泥內肉（或如上述方式保存），並靜置薑汁1小時。澱粉會沉澱於底部，將其與液體分離。

1小時後，小心把清澈的汁液倒入厚底鍋中，確保不要倒入底部的澱粉，一但看到黃白色的澱粉就停下。

丟棄澱粉。將糖、蜂蜜、肉桂棒加入鍋中，以中火燉至幾乎煮沸，然後調低火量，再燉約1小時，過程中偶爾攪拌。隨著糖漿變濃稠，會開始冒出小泡沫。當其濃稠到能裹上勺子背面時，即代表完成——糖漿的密度感覺起來會有點鬆散，但冷卻後會進一步變稠。丟棄肉桂棒，並讓糖漿稍微冷卻。放入已消毒的罐子中冷藏，應能保存至一年。

將幾茶匙的糖漿拌入一杯熱水中，也可以加入檸檬汁搭配，即可享用。

Sweet treats 甜品

Stocks + Condiments

高湯與調味品

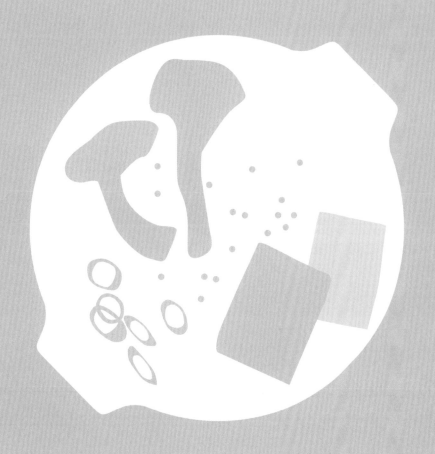

nine

useful stocks and condiments
to brighten up the rice table

實用的高湯與調味品，能夠點亮整個飯桌

在本章節，我收集了一些基本食譜，為本書的許多料理提供基底，又或當作傳統菜餚來為飯桌添增色彩與活力。

Yuksu

即自製高湯，是韓國家庭料理的重要一環，也是許多菜餚的基礎。許多家庭都會知道如何製作簡單的高湯。對於生活繁忙的人，購買市售高湯也和購買茶包一樣方便，都是預先配好食材分量，在家泡水就能輕鬆製成。

對韓式高湯的成分和製作方式不太熟悉，可能會讓人覺得困難，但只要瞭解基本原則，就可以在家自己輕鬆製作。只要一再練習實作，就能夠建立起肌肉記憶並養成習慣，使過程不再如此陌生。

在此分享的高湯，都能與書中大多數食譜互換使用，除非另有說明。韓式高湯的味道通常較溫和，能與發酵食品的風味與其更複雜的調味，互相和諧搭配。若食譜將肉作為湯品或燉菜的主角，我大多數會使用水而非高湯，以呈現出肉的真實風味。然而，使用高湯也能為菜餚提供基底，發展出有層次的獨特風味與質地，帶來深度與更持久的韻味。高湯還可以使料理更加豐富，讓口感變得絲滑、有分量，更勝過於水。

基礎高湯 Quick Stock

Yuksu

製作高湯最簡單的方式，就是將其冷藏一整晚，慢慢提取風味。我會冷藏1公升的高湯，如此就能直接從冰箱中取用。此為我使用最基本的食譜，能夠根據需求調整分量。

將所有食材混合入瓶罐中，冷藏一整晚。

若有時間，可以將其倒入鍋中，以小火煮15分鐘，以最大程度地提升風味。

以細篩網過濾，丟棄乾海帶，保留再水化的香菇以供日後使用——可加入湯中或用於炒菜。

1公升的量

2個5 x 7.5公分的乾海帶片
10克的乾燥香菇
1公升的水

昆布蘑菇高湯 *Dasima* + Mushroom Stock

請將這道食譜視為「基礎高湯」的升級版本。其製作關鍵是要非常溫和地燉煮，使風味慢慢融合，讓湯頭風味更有深度、更圓潤。添加蔥蒜能夠帶來微妙的甜味，蘑菇則會在湯中綻放泥土清香。其微妙的美味，總使我愛慕。

2.6公升的量

30克的乾香菇
6片5 x 7.5公分的乾海帶
3公升的水
100克的韭蔥
1顆洋蔥，帶皮切半
1大匙的黑胡椒粒

若時間允許，在前一晚將乾香菇（shiitake mushrooms）和乾海帶放入一鍋水中，並蓋上鍋蓋，使其慢慢吸收水分。鍋子可以直接置於廚房陰涼處。

如果有將香菇和海帶浸泡一整晚，就把其餘食材都添入鍋中；若無，則直接將所有食材放入鍋中開始製作。鍋蓋微開，以中火加熱，輕輕燉煮但不煮沸。接著將火量調至最低，保持微火燉煮1小時，鍋中的湯應幾乎呈現靜止。

鍋邊周圍會聚集浮渣，可以將之去除，但無須擔心，小火慢燉有助於防止浮渣融入湯中。

1小時後關火，待完全冷卻，取出香菇並保留——可用於煮湯或燉菜。取出蔬菜切塊並丟棄，小心將食材透過細篩網，過濾至瓶罐或其他容器中，然後丟棄任何固體成分。放於冷藏，應該能夠保存三日，冷凍則能保存一個月。

鯷魚高湯 Anchovy Stock

Myeolchi Yuksu

這並不是有魚味的高湯，而是帶有海洋鹹味的高湯。傳統的作法中，魚腸（位於腹部下方的黑囊）有時會連帶魚頭一起丟棄，其餘部分則放入高湯中。然而，對於是否去除內臟存有爭議，有些人似乎認為，當整隻鯷魚在小火上慢慢燉煮時，其產生的微妙苦味能夠添增風味——我認為這取決於個人口味。

　　乾烤鯷魚是很重要的一個步驟，能夠防止高湯染上令人討厭的魚腥味，所以請不要跳過這一步。在亞洲超商的冷凍庫可以找到韓國乾鯷魚。

　　試著將鍋溫保持在90℃左右。鍋的表面會看似幾乎靜止，只有微小的氣泡偶爾升起。

若時間允許，在前一晚將乾海帶放入有蓋的湯鍋中，加水浸泡已慢慢水化，放在廚房陰涼處即可。

將鯷魚的頭部與內臟輕輕取出，並丟棄內臟。把魚頭和魚身放入煎鍋中，以中火乾烤約2分鐘，直至散發魚香，也會聽見輕微的劈啪聲。關火後待稍微冷卻。

如果有將乾海帶浸水一晚，就將鯷魚和其他食材都放入湯鍋中。若無，則將乾烤鯷魚、乾海帶、水和其他食材都一起加進鍋中。

開中火，鍋蓋微開，慢慢燉煮，並切勿煮沸。再來將火量調至最低，保持小火慢煮1小時，鍋內會看起來幾乎靜止。鍋邊周圍也會聚集浮渣，可以將之去除，但無須擔心，小火慢燉有助於防止浮渣融入湯中，此湯呈清澈。

1小時後關火，待完全冷卻後取出蔬菜切塊並丟棄。小心將食材透過細篩網，過濾至瓶罐或其他容器中，再丟棄固體食材。應該能夠冷藏三日，也可以冷凍保存一個月。

2.6公升的量

3片5 x 7.5公分的乾海帶
3公升的水
60克的大型乾鯷魚
100克的韭蔥（*leeks*）
100克的大根蘿蔔（*daikon radishes*），切成大塊
1顆洋蔥，帶皮切半
1大匙的黑胡椒粒
2大匙的清酒

包飯醬
Ssam Sauce

Ssamjang

做出135克的量

2大匙的韓式大醬
1大匙的韓式辣醬
1大匙的米醋
1大匙的烤芝麻油
1茶匙的粗黃砂糖
1茶匙的韓式辣椒片
2茶匙的黑帶糖蜜
1茶匙的烤白芝麻籽
2顆蒜瓣，剁碎
1根蔥，剁碎

我無法想像放滿了一桌的菜包肉（見124頁），卻沒有像樣的包飯醬的情況。包飯醬帶有濃烈的鹹味，並夾雜著煙燻口味的灼辣，味道十分有活力且用途廣泛。

這裡的黑帶糖蜜並不是典型的韓國食材，但我喜歡它甜中帶苦，與散發大地香氣的韓式大醬搭配得完美，使醬汁的味道更加均衡。

儘管醬汁可以馬上食用，但提前製作會更好（至少提前一日）。在冷藏中會慢慢成熟，使原本的尖銳味感變得柔軟，顏色加深，整體風味也大大提升。將其存放於密封容器中，可以冷藏保存2週。

-

將所有食材混入密封容器中並冷藏。

細香蔥蘸醬
Chive Dipping Sauce

Cho Ganjang

一至二人份

1大匙的醬油
1大匙的米醋
1大匙的水
1茶匙的粗黃砂糖
1茶匙的細香蔥段
½ 茶匙的韓式辣椒片（非必要）

我認為煎炸類的食物，需要辛辣的醬汁來中和豐富的口味。其平衡良好的鹹酸度能夠帶來令人愉悅的酸味，並為任何煎炸菜餚提供額外一層口味，從油膩的鹹餅到炸天婦羅都適用。這道食譜只是一個起點，可以調整以添增更多風味；像是辣椒末能夠增加辛辣味，洋蔥末則能帶來蔥蒜清新的口味等等。

-

將所有食材都放入小攪拌碗中，即可上桌。

韓式辣肉拌醬
Stir-Fried *Gochujang* Sauce

Yakgochujang

做出530克的量

1大匙的植物油
½ 顆洋蔥，剁碎
1小撮海鹽片
2大匙的粗黃砂糖
1大匙的清酒
2大匙的韓式辣椒片
200克的韓式辣醬
2大匙中性口味的生蜂蜜
2大匙的烤芝麻油
1大匙的烤白芝麻籽

牛肉

200克的碎牛肉
¼ 顆的亞洲梨，去皮去心，碾壓成泥
½ 茶匙的薑末
2顆蒜瓣，剁碎
2根蔥，剁碎
1茶匙的粗黃砂糖
1茶匙的味醂
2茶匙的醬油
1茶匙的烤芝麻籽
¼ 茶匙的新鮮研磨黑胡椒

這款含有牛肉的炒辣椒醬，能夠以少量搭配白飯享用，以振奮疲憊的味蕾。除了加入糖和蜂蜜調味，這濃稠的醬汁也充滿了令人垂涎欲滴的辛辣味，使人上癮。可以用來為韓式拌飯（見166頁）調味、搭配菜包肉，或是直接在白飯上淋上一大匙。韓式辣肉拌醬能夠保存得很好，只要放在密封容器中，就可於冷藏中保存3週。

將處理牛肉的所有食材都混入攪拌碗中。

在炒鍋中以小火加熱植物油，加入洋蔥和少許鹽，輕炒5分鐘使其軟化。將火量調至中火，拌入牛肉，時常攪拌，再炒約5分鐘左右，直至鍋面看起來變乾——不需要炒至褐化，水分消失即可。加進糖和清酒，炒約1分鐘使糖融化並揮發酒精。降低火量，加入韓式辣椒片和韓式辣醬，輕輕慢炒3分鐘，並頻繁攪拌以充分混合，再拌入蜂蜜、芝麻油和芝麻粉。

待完全冷卻後，放入密封容器中冷藏。

辣椒油
Chilli Oil

Gochu Gireum

能夠容納150毫升容器的份量

200毫升的植物油
20克的蒜瓣，搗碎
15克的薑，切片
60克的韭蔥，切成薄片
50克的韓式辣椒片

這是一種多用途的辣椒油，可以用於烹飪，對於蛤蜊嫩豆腐鍋（見118頁）特別有用，能為這道菜提供基礎的辣味。帶有優雅的韭菜風味，能夠大量使用以添增溫和的辣味。存放於密封容器，可以在冷藏中保存一個月。

-

將植物油、大蒜、薑和韭蔥放入厚底的冷鍋中，開小火並將蔥蒜浸入油中，輕輕煎至其呈金黃色，大約會需要18分鐘。表面升起微小氣泡時，表示溫度已升至約120℃。

拌入韓式辣椒片並調低火量，煮3分鐘使辣椒的風味釋放出來，直至辣椒片呈深紅色而不燒焦。接著關火，稍微冷卻，再以蓋住平紋細布、薄紗棉布或咖啡濾紙蓋住的細篩網，過濾至耐熱的瓶子中。轉移至消毒過的瓶罐裡，完全冷卻後冷藏。

辣椒醬
Spicy Chilli Seasoning Sauce

Dadaegi

做出100克的量

2大匙的韓式辣椒片
1大匙的醬油
1大匙的烤芝麻油
1大匙的魚露
1茶匙的粗黃砂糖
1茶匙的烤白芝麻籽
¼ 茶匙的新鮮研磨白芝麻
1顆蒜瓣，剁碎
1根蔥，切得細碎
1大匙的碎紅辣椒（非必要）

*Dadaegi*辣椒醬是通用的調味料，常用於調味輕淡的湯麵料理。其顯著的鹹味，夾雜著蔥蒜的涼爽口味以及辣味（視使用辣椒的數量與種類而有不同程度的辣度）。最好提前開始準備，才能在冷藏中成熟並發展風味。存放於密封容器中，可以保存1週。

-

將所有食材都放入密封容器中並冷藏即可。

Writing, for the most part, doesn't come all that easily or naturally to me.

許多時候，寫作對我來說並非易事。

但我確實很享受，迷失在沉澱思想與夢的過程中，並以更具體的文字表達出來，如此才能釋放出那些漫遊不定的思緒，使我一直難以入眠的心靈受到撫慰。一旦書寫下來，他們就不再需要格外照料，而是成為能夠讓我自由翻閱的事物。也許隨著時間的推移，我會慢慢發現，究竟是什麼讓我有了這些感受，又或是什麼影響了我如何看待過往的。

我在寫作中找到自由，如同烹飪使我感到紮根而不迷惘，並與周遭的生活有所連結。我傾向詳盡敘述所思所想，並非所有人都喜歡這樣的風格，但這就是我看待世界的方式。看著音樂選秀節目《X音素》（The X Factor）的參賽者努力追夢，我會感動得淚流滿面，一旁的丈夫則會覺得我「有點奇怪」。我喜歡防晒乳塗抹在皮膚上的味道，給我

一種赤腳踩在沙灘上踏浪的感覺。而潮溼的煙燻木香總會讓我想起，和六個月大的孩子一同在野外露營的快樂時光。

許多時候，我試著記住微小的事情，他們不只是一個地方，不只是自己嘗過的料理，反而擁有更多的意義。人們的氣味、空氣中的感覺、有無微風的拂煦、是否充滿愉快地微醺，又或是思念家鄉——正是這些微小的事物，構成了骨肉、滋養了身體，存在於體內的血液裡，以及呼吸的空氣裡。我們與生命中相遇的人分享食物與經歷，如此便可學習、成長，成為更完整的人。

我如今七歲的孩子，還尚未完全探索在五千英里之外的家，也幾乎不認得我的父母就是她的祖父母。有時，我害怕自己可能永遠無法給予她足夠的韓國根源能繼承。某種程度上，我害怕

記憶會消逝，沒入深海，永被遺忘。

為此，我竭盡所能撰寫了這本書，記錄下母親和我的日常食譜。我覺得自己必須講述這些故事，好讓女兒知道我真的、真的很努力嘗試，藉由文字來消除這些恐懼，並將其永存下來，讓我們在日後共同回憶。我想要她知道，故事是如何開始的，也想要她記得，我們一起綻放出愛、傾訴了千言萬語的廚房——就像她知道，媽咪做的米飯最好吃，也知道和爸比要塗滿巧克力榛果醬最好，因為爸比總會一邊眨眼示意，一邊餵給她一大匙，好好享受這甜蜜濃郁的口感。

我最摯愛的琪琪呀，在養育妳的同時，我也成為了堅強的女人。

Index
索引

aduki beans: milk granita
  with sweet red beans 207
algamja jorim 66
anchovy stock 221
apples: spicy cold noodles 188
white cabbage + apple
  kimchi 84
aromatics 15
Asian pears: ginger tea 214
  spicy cold noodles 188
asparagus + citrus salad 34
asparagus naengchae 34
aubergines (eggplants): chilled
  noodle soup with charred
  aubergine 187
roasted aubergine salad 65
soy sauce glazed
  aubergines 52

baek kimchi 81–2
bajirak soondubu jjigae 118–19
bajirak sujebi 196–7
banchan 18–69, 99, 124
barbecues, Korean 123, 124
batch cooking 99
beans, milk granita with
  sweet red 207

beansprouts: beansprout
  salad – two ways 39
mixed rice with
  vegetables 166–8
mung bean pancake 42–3
spicy beansprout salad 39
spicy pulled beef
  soup 105–6
stir-fried beansprout
  salad 39
beef: grilled meat patties 131
LA short ribs 126–7
raw beef salad 142
soy sauce beef with jammy
  egg 61–3
spicy pulled beef soup 105–6
stir-fried *gochujang* sauce 224
beef stock bones: oxtail
  soup 107–9
beetroot: beetroot-stained
  pickled radish 90
buckwheat noodles in icy
  pink broth 184
spicy cold noodles 188
water kimchi 83
bibimbap 166–8
birthday soup 102

bitter greens: spring bitter
  greens with *doenjang* 41
black bean sauce noodles 195
bom namul doenjang muchim 41
bossam 139
broths *see* soups & broths
buckwheat noodles in icy pink
  broth 184
buns, peanut butter cream
  208–10
butter: soy butter-glazed baby
  potatoes 66

cabbage 124
  black bean sauce noodles 195
  charred cabbage in warm
    gochujang vinaigrette 50
  cut cabbage kimchi 75–7
  poached pork belly wrap 139
  spicy seafood noodle soup
    189–90
  spicy squid salad 156
  white cabbage + apple
    kimchi 84
  white kimchi 81–2
caramel, honey panna cotta
  with instant coffee 211–13

carrots: cut cabbage kimchi 75–7
  spicy chicken + potato stew
    110
  spicy seafood noodle soup
    189–90
  three-coloured seaweed rice
    roll 169–71
chaesu 220
chapsal doughnuts 204
cheongju 12
cherries: milk granita with
  sweet red beans 207
chicken: chicken skewers with
  sesame chicken skin
    crumbs 132–4
  chicken soup for the dog
    days 111
  Korean fried chicken 135–7
  spicy chicken + potato stew 110
chillies 11, 15
  chilled noodle soup with
    charred aubergine 187
  chilli oil 225
  cubed daikon radish kimchi
    79–80
  cut cabbage kimchi 75–7
  king oyster mushrooms with
    doenjang butter sauce 32
  pork + tofu meatballs 46–7
  sautéed courgettes 24
  soy sauce beef with jammy
    egg 61–3
  soy sauce marinated prawns
    158
  white kimchi 81–2
  see also gochugaru; gochujang
chive dipping sauce 222
cho ganjang 222
chunjang: black bean sauce
  noodles 195
cinnamon: ginger tea 214
  sweet rice doughnuts 204
citrus fruits: asparagus +
  citrus salad 34
clams: grilled clams with sweet
  doenjang vinaigrette 155
  hand-torn noodles in clam
    broth 196–7
  soft tofu stew with
    clams 118–19
  spicy seafood noodle
    soup 189–90

coconut water: milk granita
  with sweet red beans 207
coffee caramel, honey panna
  cotta with instant 211–13
condensed milk: milk granita
  with sweet red beans 207
condiments 124–5
courgettes (zucchini): black
  bean sauce noodles 195
  everyday *doenjang* stew 116
  hand-torn noodles in clam
    broth 196–7
  sautéed courgettes 24
  soft tofu stew with clams
    118–19
  spicy seafood noodle soup
    189–90
cream: honey panna cotta with
  instant coffee caramel 211–13
  peanut butter cream bun
    208–10
crispy rice cake skewers 179
cucumber: black bean sauce
  noodles 195
  pickled cucumber 87
  spicy cold noodles 188
  spicy pickled cucumber
    salad 88
  spicy squid salad 156
curried pot rice 172
cut cabbage kimchi 75–7

dadaegi 225
daikon radishes: anchovy
  stock 221
  beetroot-stained pickled
    radish 90
  cubed daikon radish kimchi
    79–80
  cut cabbage kimchi 75–7
  sautéed radish 26
  soy sauce beef with jammy
    egg 61–3
  spicy pulled beef
    soup 105–6
  spicy radish salad 36
  water kimchi 83
  white kimchi 81–2
dak baeksuk 111
dak kkochi 132–4
dakdoritang 110
dakgangjeong 135–7

dasima 13
  anchovy stock 221
  dasima + mushroom stock 220
  quick stock 219
  soy sauce beef with jammy
    egg 61–3
  soy sauce marinated prawns
    158
  spicy cold noodles 188
  spicy pulled beef soup 105–6
  spicy seafood noodle soup
    189–90
dipping sauce, chive 222
doenjang 10, 12
  doenjang lamb skewers 128
  everyday *doenjang* stew 116
  grilled clams with sweet
    doenjang vinaigrette 155
  king oyster mushrooms with
    doenjang butter sauce 32
  knife-cut noodles in spicy
    tomato broth 191–3
  poached pork belly wrap 139
  roasted pork belly 140
  spring bitter greens with
    doenjang 41
  ssam sauce 222
  sweet *doenjang* vinaigrette 155
doenjang jjigae 116
donjeonya aka dongguerang-ttaeng
  46–7
doughnuts, sweet rice 204
dry seasonings 11
dubu jorim 68
dubu kimchi 28
dubu tangsu 55

eggs 15
  black bean sauce noodles 195
  buckwheat noodles in icy
    pink broth 184
  egg drop soup 100
  midnight kimchi fried rice for
    Kiki 174–5
  mixed rice with vegetables
    166–8
  mung bean porridge 176
  raw beef salad 142
  rolled omelette with
    seaweed 49
  soft tofu stew with clams
    118–19

soy sauce beef with jammy
egg 61–3
spicy cold noodles 188
spring onion pancake 44
steamed egg 64
three-coloured seaweed rice
roll 169–71
eomuk bokkeum 20, 31
everyday *doenjang* stew 116

fermented bean paste *see*
doenjang
ferments + pickles 70–93
anise pickled rhubarb 92
beetroot-stained pickled
radish 90
cubed daikon radish kimchi
79–80
cut cabbage kimchi 75–7
pickled cucumber 87
soy sauce pickled onions 88
spicy pickled cucumber
salad 88
water kimchi 83
white cabbage + apple
kimchi 84
white kimchi 81–2
fish 144–59
anchovy stock 221
fried flat fish with *yangnyeom*
dressing 151
grilled salt + sugar-cured
mackerel 152
stir-fried fishcakes with
green peppers 20, 31
fritters, mixed vegetable 56
fruit purée 127

gae-un-hada 97
gajami yangnyeom gui 151
gaji gangjeong 52
gaji naengguksu 187
gaji namul 65
ganjang 10
garlic 15
chicken soup for the dog
days 111
poached pork belly wrap 139
soy sauce beef with jammy
egg 61–3
spicy pulled beef soup 105–6
gazn-yangnyeom 10

gim 13
gim jaban 13
knife-cut noodles in spicy
tomato broth 191–3
midnight kimchi fried rice for
Kiki 174–5
mung bean porridge 176
ginger 15
ginger tea 214
gireumjang 125
glutinous rice flour: sweet rice
doughnuts 204
gochu gireum 225
gochugaru 11, 74
chilli oil 225
cubed daikon radish
kimchi 79–80
cut cabbage kimchi 75–7
gochugaru vinaigrette 125
kimchi stew with pork belly 115
knife-cut noodles in spicy
tomato broth 191–3
Korean fried chicken 135–7
soft tofu stew with clams
118–19
spicy beansprout salad 39
spicy chicken + potato
stew 110
spicy chilli seasoning
sauce 225
spicy pickled cucumber
salad 88
spicy pulled beef soup 105–6
spicy radish salad 36
spicy seafood noodle soup
189–90
spicy squid salad 156
stir-fried *gochujang* sauce 224
tofu with buttered kimchi 28
white cabbage + apple
kimchi 84
gochujang 10, 11
charred cabbage in warm
gochujang vinaigrette 50
chicken skewers with
sesame chicken skin
crumbs 132–4
crispy rice cake skewers 179
knife-cut noodles in spicy
tomato broth 191–3
Korean fried chicken 135–7
spicy chicken + potato stew 110

spicy squid salad 156
ssam sauce 222
stir-fried *gochujang* sauce 224
granita: milk granita with
sweet red beans 207
guk 97
gyeran guk 100
gyeran jjim 64
gyeranmari 49

hamheung bibim naengmyeon 188
herbs 124
hobak bokkeum 24
honey: ginger tea 214
honey panna cotta with
instant coffee caramel 211–13
honghap miyoek guk 102

ingredients 10–15

jaban godeungeo gui 152
jang kalguksu 191–3
jangjorim 61–3
jeongol 97
jjajangmyeon 195
jjamppong 189–90
jjigae 97, 124
jjim 97
jocheong 13
jogae gui 155

kare sotbap 172
kelp, dried 13
anchovy stock 221
dasima + mushroom stock 220
quick stock 219
soy sauce beef with jammy
egg 61–3
soy sauce marinated prawns
158
spicy cold noodles 188
spicy pulled beef soup 105–6
spicy seafood noodle soup
189–90
kimchi 11, 73–4, 124
cubed daikon radish kimchi
79–80
cut cabbage kimchi 75–7
kimchi paste 74, 75–7
kimchi stew with pork belly 115
midnight kimchi fried rice for
Kiki 174–5

mung bean pancake 42–3
mung bean porridge 176
tofu with buttered kimchi 28
water kimchi 83
white cabbage + apple
    kimchi 84
white kimchi 81–2
kimchi bokkeumbap 174–5
kimchi jjigae 73, 115
king oyster mushrooms with
    doenjang butter sauce 32
kkakdugi 79–80
kombu 13
konggaru 124–5
Korean black bean paste: black
    bean sauce noodles 195
Korean chilli paste *see*
    gochujang
Korean fishcakes: stir-fried
    fishcakes with green
    peppers 20, 31
Korean fried chicken 135–7
Korean radishes: sautéed
    radish 26
Korean red pepper flakes *see*
    gochugaru

LA *galbi* 126–7
LA short ribs 126–7
lamb: *doenjang* lamb skewers 128
leeks: anchovy stock 221
    chicken soup for the
        dog days 111
    chilli oil 225
    dasima + mushroom stock 220
    knife-cut noodles in spicy
        tomato broth 191–3
    poached pork belly wrap 139
    soy sauce beef with jammy
        egg 61–3
    spicy pulled beef soup 105–6
lemons: beetroot-stained
    pickled radish 90
liquid seasonings 12

mackerel, grilled salt + sugar-
    cured 152
marrow bones: oxtail soup 107–9
mat kimchi 75–7
matsool 13
meat 120–43
meatballs, pork + tofu 46–7

midnight kimchi fried rice
    for Kiki 174–5
milk granita with sweet red
    beans 207
mirin 13
    LA short ribs 126–7
    soy sauce glazed
        aubergines 52
    spicy chicken + potato
        stew 110
    spicy pulled beef soup 105–6
miyeok: seaweed soup with
    mussels 102
moong dal: mung bean
    pancake 42–3
mu chojeorim aka chicken mu 90
mu nmul 26
muchim namul 21
mul kimchi aka nabak kimchi 83
mul naengmyeon 184
mum's naeng coffee 211–13
mung beansprouts: mung
    bean pancake 42–3
mung dal: mung bean
    porridge 176
musaengchae 36
mushrooms: *dasima* +
    mushroom stock 220
everyday *doenjang* stew 116
king oyster mushrooms with
    doenjang butter sauce 32
quick stock 219
mussels: seaweed soup
    with mussels 102
spicy seafood noodle
    soup 189–90
myeolchi yuksu 221

napa cabbage: spicy seafood
    noodle soup 189–90
'nduja: midnight kimchi fried
    rice for Kiki 174–5
nokdu bindaettoek 42–3
nokdu juk 176
noodles 124, 180–97
    black bean sauce noodles 195
    buckwheat noodles in icy
        pink broth 184
    chilled noodle soup with
        charred aubergine 187
    hand-torn noodles in clam
        broth 196–7

knife-cut noodles in spicy
    tomato broth 191–3
spicy cold noodles 188
spicy seafood noodle soup
    189–90

oiji 87
oiji muchim 88
oils 12
    chilli oil 225
    perilla oil 12
    toasted sesame oil 12
    vegetable oil 12
ojingeo muchim 156
old school pork cutlet 58–60
omelettes: rolled omelette with
    seaweed 49
onions: onion salad with
    wasabi soy vinaigrette 125
    soy sauce pickled onions 88
oranges: anise pickled
    rhubarb 92
    asparagus + citrus salad 34
oxtail soup 107–9
oyster sauce: pork + tofu
    meatballs 46–7

pajeon 44
pajeori pa muchim 125
pancakes: mung bean
    pancake 42–3
    spring onion pancake 44
panko breadcrumbs: old
    school pork cutlet 58–60
panna cotta: honey panna
    cotta with instant coffee
    caramel 211–13
patbingsu 207
patties, grilled meat 131
peanut butter cream bun
    208–10
peanuts: soy sauce glazed
    aubergines 52
peas: curried pot rice 172
peppers, stir-fried fishcakes
    with green 20, 31
perilla leaves 124
perilla oil 12
pickles + ferments 70–93
pork: black bean sauce
    noodles 195
    grilled meat patties 131

kimchi stew with pork
belly 115
mung bean pancake 42–3
old school pork cutlet 58–60
poached pork belly wrap 139
pork + tofu meatballs 46–7
roasted pork belly 140
soft tofu stew with clams
118–19
tofu with buttered kimchi 28
potatoes: everyday *doenjang*
stew 116
hand-torn noodles in clam
broth 196–7
soy butter-glazed baby
potatoes 66
spicy chicken + potato
stew 110
prawns (shrimp): soy sauce
marinated prawns 158
spicy seafood noodle soup
189–90
spring onion pancake 44

radishes: anchovy stock 221
beetroot-stained pickled
radish 90
buckwheat noodles in icy
pink broth 184
cubed daikon radish kimchi
79–80
cut cabbage kimchi 75–7
mixed rice with vegetables
166–8
sautéed radish 26
soy sauce beef with jammy
egg 61–3
spicy cold noodles 188
spicy pulled beef soup 105–6
spicy radish salad 36
water kimchi 83
white kimchi 81–2
rhubarb, anise pickled 92
rhubarb cho jeorim 92
rice 11, 16, 160–79
cooking rice 164
curried pot rice 172
midnight kimchi fried
rice for Kiki 174–5
mixed rice with
vegetables 166–8
mung bean pancake 42–3

mung bean porridge 176
ratio of water 164
three-coloured seaweed
rice roll 169–71
washing rice 164
rice cake skewers, crispy 179
rice flour: sweet rice
doughnuts 204
rice syrup 13
rice wine 12
rolled omelette with
seaweed 49

saenggang cha 214
saesongi beoseot bokkeum 32
saeujang 158
sake 12
chicken skewers with
sesame chicken skin
crumbs 132–4
Korean fried chicken 135–7
LA short ribs 126–7
poached pork belly wrap 139
salads 21, 124
asparagus + citrus salad 34
beansprout salad – two
ways 39
onion salad with wasabi soy
vinaigrette 125
raw beef salad 142
roasted aubergine salad 65
seasoned spinach salad 40
spicy beansprout salad 39
spicy pickled cucumber
salad 88
spicy radish salad 36
spicy squid salad 156
spring onion salad 125
stir-fried beansprout
salad 39
salt 11
grilled salt + sugar-cured
mackerel 152
salt dipping sauce 125
salting 73–4
samsaek gimbap 169–71
sauces 11–12
chive dipping sauce 222
spicy chilli seasoning
sauce 225
ssam sauce 222
stir-fried *gochujang* sauce 224

seafood noodle soup,
spicy 189–90
seasonings: dry seasonings 11
liquid seasonings 12
seasoning sauce 12
spicy chilli seasoning
sauce 225
sweet seasonings 13
seaweed 13
knife-cut noodles in spicy
tomato broth 191–3
midnight kimchi fried rice for
Kiki 174–5
mung bean porridge 176
rolled omelette with
seaweed 49
seaweed soup with
mussels 102
three-coloured seaweed rice
roll 169–71
seeds 13
sesame oil 12, 125
sesame seeds: chicken
skewers with sesame
chicken skin crumbs 132–4
grilled meat patties 131
sautéed courgettes 24
sautéed radish 26
seasoned spinach salad 40
toasted sesame seeds 13
shiitake mushrooms: *dasima* +
mushroom stock 220
mixed rice with vegetables
166–8
quick stock 219
shiso leaves 124
si-won-hada 97
sigeumchi namul 40
skewers: chicken skewers
with sesame chicken
skin crumbs 132–4
crispy rice cake skewers 179
doenjang lamb skewers 128
soft tofu stew with clams
118–19
sogeumjang 125
sokkori gomtang 107–9
somyeon noodles: chilled
noodle soup with charred
aubergine 187
sonmat 21, 73
soup soy sauce 11

soups & broths 16
  birthday soup 102
  buckwheat noodles
    in icy pink broth 184
  chicken soup for the
    dog days 111
  chilled noodle soup with
    charred aubergine 187
  egg drop soup 100
  hand-torn noodles in clam
    broth 196–7
  knife-cut noodles in spicy
    tomato broth 191–3
  oxtail soup 107–9
  seaweed soup with mussels
    102
  spicy pulled beef soup 105–6
  spicy seafood noodle soup
    189–90
  types of Korean soups 97
soy sauce 10, 11
  braised tofu 68
  grilled meat patties 131
  LA short ribs 126–7
  oxtail soup 107–9
  poached pork belly wrap 139
  soy butter-glazed baby
    potatoes 66
  soy sauce beef with jammy
    egg 61–3
  soy sauce glazed
    aubergines 52
  soy sauce marinated
    prawns 158
  soy sauce pickled onions 88
  spicy chicken + potato
    stew 110
  spicy pulled beef soup 105–6
  spicy squid salad 156
spicy beansprout salad 39
spicy chicken + potato
  stew 110
spicy chilli seasoning
  sauce 225
spicy cold noodles 188
spicy pickled cucumber
  salad 88
spicy pulled beef soup 105–6
spicy radish salad 36
spicy seafood noodle soup
  189–90
spicy squid salad 156

spinach: mixed rice with
  vegetables 166–8
seasoned spinach salad 40
spring bitter greens with
  doenjang 41
spring onions (scallions):
  chicken skewers with
    sesame chicken skin
    crumbs 132–4
  spicy pulled beef soup 105–6
  spring onion pancake 44
  spring onion salad 125
squid: spicy seafood noodle
  soup 189–90
  spicy squid salad 156
  spring onion pancake 44
ssam sauce 124, 222
ssamjang 124, 222
star anise pickled rhubarb 92
stews: everyday doenjang
  stew 116
  kimchi stew with pork
    belly 115
  soft tofu stew with clams
    118–19
  spicy chicken + potato
    stew 110
  types of Korean stews 97
stir-fries: stir-fried beansprout
  salad 39
  stir-fried fishcakes with
    green peppers 20, 31
  stir-fried gochujang sauce 224
stock 218
  anchovy stock 221
  dasima + mushroom stock 220
  quick stock 219
sugar 13
  grilled salt + sugar-cured
    mackerel 152
sukju namul 39
sweet + sour tofu 55
sweet rice doughnuts 204
sweet seasonings 13
sweet treats 198–215

tang 97
tea, ginger 214
tofu: braised tofu 68
  everyday doenjang stew 116
  kimchi stew with pork belly 115
  pork + tofu meatballs 46–7

soft tofu stew with clams
  118–19
sweet + sour tofu 55
tofu with buttered kimchi 28
tomato ketchup: crispy rice
  cake skewers 179
tomatoes: curried pot rice 172
  knife-cut noodles in spicy
    tomato broth 191–3
  tofu with buttered kimchi 28
tong-samgyeopsal 140
tools 10
ttangkong cream ppang 208–10
tteok kkochi 179
tteokbokki rice cakes: crispy rice
  cake skewers 179
tteokgalbi 131

vegetable oil 12
vegetables: mixed rice with
  vegetables 166–8
  mixed vegetable fritters 56
  salting, rinsing and draining
    73–4
see also individual types of
  vegetable
vinaigrettes: gochugaru
  vinaigrette 125
  sweet doenjang vinaigrette
    155
  warm gochujang vinaigrette 50
  wasabi soy vinaigrette 125

wasabi soy vinaigrette 125
water kimchi 83
white kimchi 81–2

yachae twigim 56
yakgochujang 224
yang kkochi 128
yangbaechu gui 50
yangbaechu sagwa kimchi 84
yangnyeom dressing, fried flat
  fish with 151
yangpa jangajji 88
yangpa jeorim 125
yetnal donkkaseu 58–60
yondu 12
  stir-fried beansprout salad 39
yukgaejang 105–6
yukhoe 142
yuksu 128, 219

Thank You

致謝

我曾對波蘭朋友比妮雅（Binia）說，自己有個寫書的夢想，但我不確定是否能夠成真，因為英語是我的第二語言。她輕輕拍響桌子，帶著活力與熱情說道，美麗的文句無需花言巧語，而是需要一顆誠摯的心。她是一位傑出的學者與藝術家，過著精彩又豐富的生活，且一生經歷的許多故事都足以拍成電影。她與伴侶鮑伯（Bob），會張開雙臂歡迎我到他們家，在深夜暢談藝術、人生與家庭。正是在那裡，我第一次品嘗到了波蘭的煙燻香腸燉菜，其中的乾果賦予了這道菜美麗的甜香與果醬味。我們喝了許多瓶他們收藏的果香紅酒，讀了老烹飪書中的優美文句，聽了使我想起父親的舊黑膠唱片。在父母無法前來參與我的婚禮時，是鮑伯陪我走過紅毯的。在我對書寫存有自我質疑時，我會想起比妮雅說的話。若是沒有他們的愛與鼓勵，本書或許就不會成真。鮑伯，謝謝你，也願你的靈魂能安息。比妮雅，謝謝妳，妳是本書很重要的一部分。

艾蜜莉，謝謝妳相信我的故事，並幫助我將腦海中的夢，轉化成與他人分享的文字。我很幸運，能與妳一起工作。

出版社的各位，我非常感謝你們，感謝你們不僅給了我夢想已久的出書機會，也給了我創作上的自由。

哈麗特（Harriet），我永遠感謝妳，願意相信我對未來的憧憬——感謝妳在我身上看見了可能。

克萊爾（Claire）與露西（Lucy），非常感謝妳們將我對簡約、靜謐之美的願景化成現實。

塔瑪拉（Tamara），我不知道自己是何等的幸運，才能讓妳展現魔法，讓一切都變得完美。非常感謝妳，讓我的料理看起來如此美味又誘人。

艾瑪（Emma），謝謝妳在第一日幫助我們。還有夏洛特（Charlotte），妳真是一位不可思議的英雄。感謝妳們為了確保拍攝順利，所做的點點滴滴。

瑞秋（Rachel），謝謝妳以開放又體貼周到的態度前來幫忙，也感謝妳所提供的精緻道具。圖片之所以能擁有如此平和又寧靜的意象，都是因為有了妳。

溫蒂（Wendy），我從與妳溝通的過程中，學到了許多。非常感謝妳對我的耐心，並幫忙修飾我的文字，使其能傳達出更好的意義。

感謝喬伊斯（Joyce）、克利斯（Chris）、弗雷迪（Freddie），你們無窮的咖啡、雞尾酒、食譜試嘗和一起玩耍的時光。喬伊斯，你對我烹飪的鼓勵和熱情，幫助我熬過了最難熬的寫作時期，我很幸運能有你這位朋友。克利斯，我將第179頁獻給你。

黑茲爾（Hazel），感謝妳照顧琪琪；每當需要幫助時，妳總是能伸手協助，若是沒有妳，我都不知道該怎麼辦。

致我家鄉的家人們，尤其是我的父母，是你們讓我離開去看看這個世界，並相信我能找到真正的自我。你們的愛寧靜而無窮。非常感謝你們給了我一段如禮物般的經歷——我為自己的成長而感到驕傲。

文斯（Vince），沒有了你，我就無法寫出這本為琪琪而寫的書了。我永遠對你以如此優雅又勇敢的方式去對抗癌症，感到無比敬畏。你是我們所選擇的家人，琪琪很幸運能稱你為「文森叔叔」。

托比（Toby），謝謝你給了我寶貴的時間來寫這本書，讓我的夢想能夠成真——照片真的很美。還有琪琪，妳讓我每日都想讓自己成為一個更好的人。史考特一家，我們最棒了。

〔**harvest**〕[001]

飯桌！飯桌！
RICE TABLE

作者 蘇‧史考特 SU SCOTT

譯者 李仲哲

副總編輯 洪源鴻

企劃選編 董秉哲

版權代理 白沙版權經紀有限公司 THE PAISHA AGENCY

責任編輯 董秉哲

行銷企劃 二十張出版

封面構成 萬亞雰

版面構成 宸遠彩藝

出版 二十張出版

發行 遠足文化事業股份有限公司（讀書共和國出版集團）

地址 新北市新店區民權路 108 之 3 號 8 樓

電話 02‧2218‧1417

傳真 02‧2218‧8057

客服專線 0800‧221‧029

信箱 akker2022@gmail.com

Facebook facebook.com/akker.fans

法律顧問 華洋法律事務所—蘇文生律師

製版 軒承彩色製版股份有限公司

印刷 通南彩色印刷股份有限公司

裝訂 智盛裝訂股份有限公司

出版 二○二三年十二月—初版一刷

定價 九四五元

國家圖書館出版品預行編目（CIP）資料：飯桌！飯桌！／蘇‧史考特（Su Scott）著／李仲哲 譯
初版 — 新北市：二十張出版 — 遠足文化事業股份有限公司 發行　2023.12　240 面　18.7 × 24.8 公分.
ISBN：978‧626‧97710‧66（精裝）　1. 食譜 2. 烹飪 3. 韓國　427.132　112016000